心の除染

原発推進派の実験都市・福島県伊達市

黒川祥子

JN054359

集英社文庫

目次

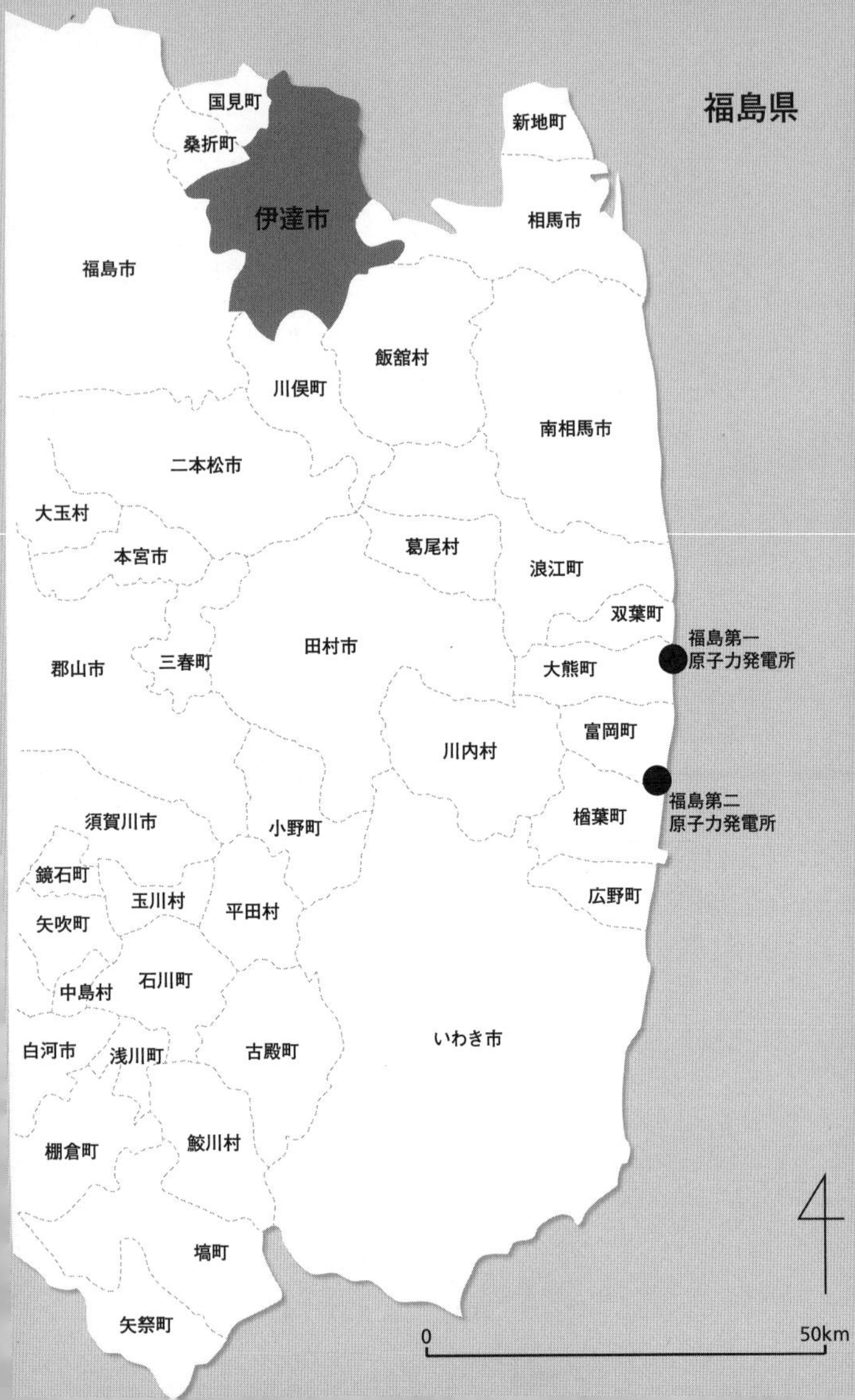
福島県
国見町
桑折町
伊達市
新地町
相馬市
福島市
飯舘村
川俣町
南相馬市
二本松市
大玉村
本宮市
葛尾村
浪江町
双葉町
福島第一
原子力発電所
田村市
三春町
郡山市
大熊町
富岡町
川内村
福島第二
原子力発電所
須賀川市
小野町
楢葉町
鏡石町
玉川村
平田村
広野町
矢吹町
石川町
中島村
白河市
浅川町
古殿町
いわき市
棚倉町
鮫川村
塙町
矢祭町
0
50km

伊達市

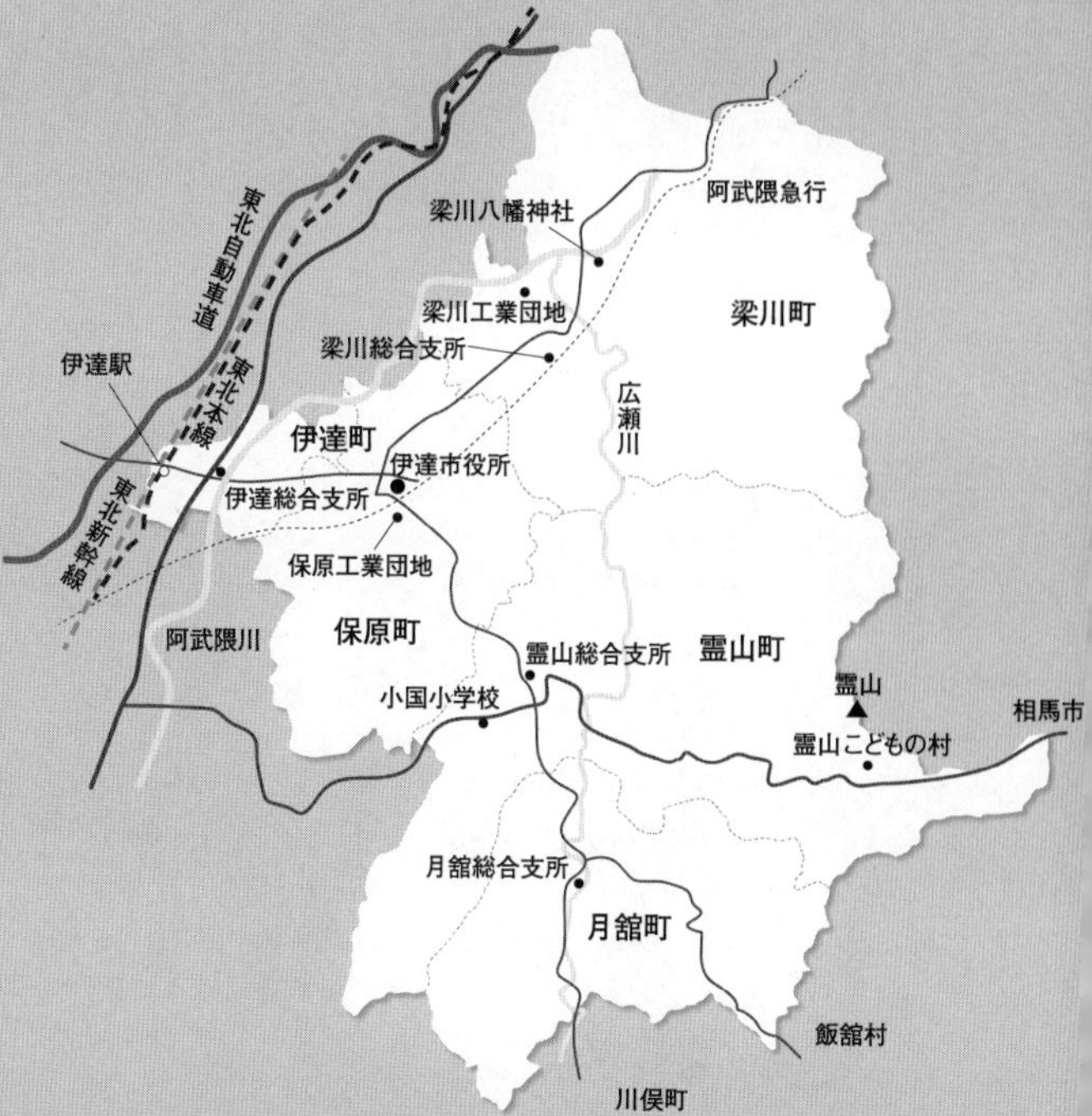

東北自動車道
東北本線
東北新幹線
伊達駅
阿武隈急行
梁川八幡神社
梁川工業団地
梁川総合支所
梁川町
広瀬川
伊達町
伊達市役所
伊達総合支所
保原工業団地
阿武隈川
保原町
霊山総合支所
霊山町
霊山
相馬市
小国小学校
霊山こどもの村
月舘総合支所
月舘町
飯舘村
川俣町

伊達市一斉放射線量測定マップより
（平成24年3月23日～25日実施）

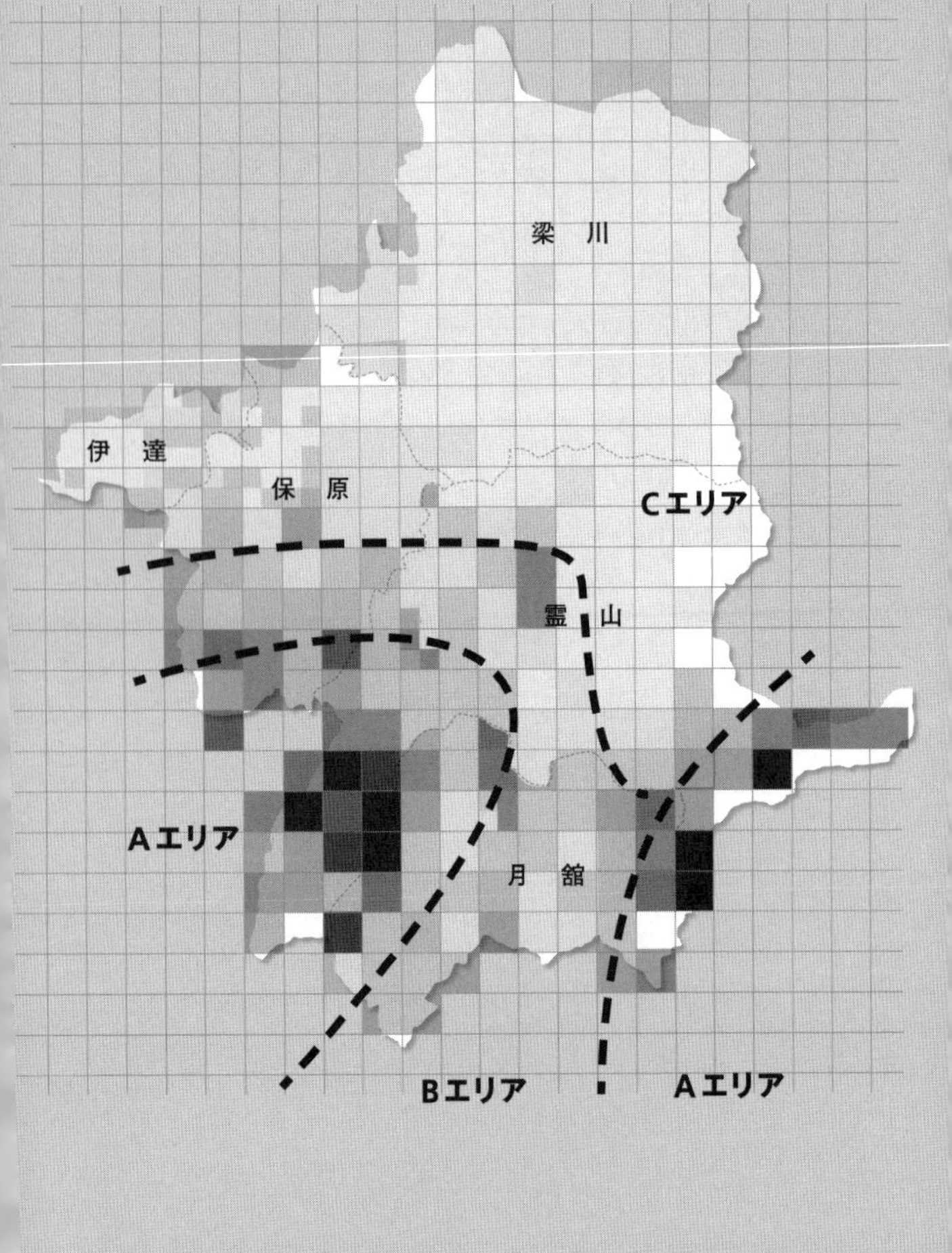

心の除染

原発推進派の実験都市・福島県伊達市

文庫版のためのプロローグ

本書の舞台となる福島県伊達《だて》市は未《いま》だ、市内の7割を全面除染していないという特異な自治体だ。

しかも、国の除染のガイドライン（地上1メートルでの空間線量率が毎時0・23マイクロシーベルト以上）とは異なり、地表1センチで3マイクロシーベルト以上でないと除染の対象ではないという、全国どこにもない独自の基準を作って、除染を敢《あ》えて「しなかった」、もしくは「しないことを、良しとした」自治体だ。

放射性物質が降り注いだ事実があるにもかかわらず、「心配ない、大丈夫だ」と市民の不安を押さえつけてまで、なぜ、このような奇怪なことが行われたのか。

本書は結果的に、2011年から2019年まで、その全貌を辿《たど》るルポルタージュとなった。

「結果的に」というのは、取材を始めた当初は、伊達市が行う放射能対策の裏に、明確な意図が隠されているとは夢にも思っていなかったからだ。

まさか、市民を使って実験まで行い、将来の原発事故に備えて、被ばく基準や除染基準の見直し（＝緩和）をするという目論見《もくろみ》が進行していたとは、誰が思うだろう。しかし、実際に伊達市では市民の健康管理のためと称して、赤ちゃんや子どもを含めた市民全員を使って、壮大なプロジェクトが行われたのだ。

絵を描いたのは、原子力を推進したい勢力だ。

そして今、全世界の原子力推進派が、「伊達市基準」へと舵《かじ》を切りつつある。

２０１７年の単行本刊行当時は、伊達市が、獲得した除染交付金を水面下で国に返還していた事実まではつかむことができた。しかし、プロジェクトの「仕上げ」はそこではなかったのだ。

文庫版では、その「仕上げ」までを見ていただこうと思う。

これが、私の故郷・伊達市なのだ。


伊達市は福島県中通り《なかどお》りの北端に位置し、南部を飯舘村《いいたてむら》、川俣町《かわまたまち》、南西部を福島市、北部を宮城県白石市《しろいし》、丸森町《まるもりまち》、東部を相馬市《そうま》、西部を伊達郡桑折町《こおりまち》、国見町《くにみまち》と接する。人口は約６万人。

実は「伊達市」という呼称に、私はまだ違和感がある。伊達市は２００６年1月に伊達町、保原町《ほばらまち》、梁川町《やながわまち》、霊山町《りょうぜんまち》、月舘町《つきだてまち》という、伊達郡内の五町が合併してできた、新しい自治体だからだ。

ゆえに出身の梁川町ならともかく、「伊達市」と括《くく》られるエリアには馴染《なじ》みではない土地もある。出生地であり三歳まで住んだ国見町の方が、母の実家があったこともあり、土地勘があるかもしれない。

伊達市は南北に長い市域で、周囲を山に囲まれた盆地にあたる平野部と、南部に広がる山間地からなる。阿武隈《あぶくま》川が流れる平野部に位置する保原町、梁川町、伊達町に人口が集中し、この一帯が商工業の中心だ。東北本線、阿武隈急行など鉄道交通網もこの地域に限られる。一方、阿武隈高地の山間部に位置する霊山町や月舘町は人口密度も低く、農業や林業が産業の中心となっている。風光明媚《ふうこうめいび》でのどかな里山風景が広がるが、過疎化が進んでいるのも現状だ。

「伊達市」という名は、奥州伊達氏に由来する。伊達氏発祥の地であり、鎌倉時代には伊達氏の本城、梁川城が梁川町に築かれ、伊達政宗が初陣祈願をしたという梁川八幡神社（八幡さま）は、幼い私にはちょっと足を延ばす冒険の場所だった。

一方、南北朝時代には南朝側の後村上天皇と北畠顕家《きたばたけあきいえ》が霊山町に霊山城を構えて、北朝への拠点にするなど、中央の歴史にも顔を出す。

最初に記したように、伊達市を取り上げるのは単に、私の故郷だからではない。原発事故のさまざまな問題の「縮図」が、ここ伊達市にあるからだ。

「特定避難勧奨地点」という言葉を、覚えている人はどれだけいるだろう。「地点」とは世帯、家のこと。家ごとに「特定」して「避難」を「勧奨」するという奇怪な制度が作られ、現実に施行された自治体の一つである。

隣の家は「特定」の「家＝地点」と判断され、「避難」が「勧奨」されたにもかかわらず、自分の家は避難しなくていいという結論が下される。同じ集落、同じ小学校、同じ中学校に、避難していい家と避難しなくてもいい家が存在する。その避難も「勧奨」だから、してもしなくてもいい。年寄りが今まで通り自宅で農作業をしながら暮らしても、東電から毎月慰謝料が支払われる。「地点」にならなかったら、子どもが何の保障もなくこの土地に括り付けられる。原発事故の被災地で、こんな「区別」が行われたことがあっただろうか。

伊達市に設定された特定避難勧奨地点は、2011年6月30日から2012年12月14日の「解除」通告まで、実質1年半という期間のものだ。だが、これを過去のものとして終わらせていいとは、私には思えない。

そして、除染だ。2011年春、伊達市は「除染先進都市」として華々しいデビューをした。同年5月、伊達市長は衆議院文部科学委員会で参考人として、「表土除去＝除染」の効果について証言を求められ、14年2月にはオーストリア・ウィーンにある国際原子力機関（ＩＡＥＡ）本部に招かれ、伊達市の取り組みを報告した。除染担当職員も各地で講演を行い、一部から「除染の神様」という声が聞かれるまでとなった。

この「除染先進都市」は、市内を汚染の度合いによってＡ、Ｂ、Ｃの三つのエリアに区分、エリアごとに異なる除染を行うという、他の市町村にはないオリジナル除染を推進した。ここには原子力規制委員会初代委員長、田中俊一《しゅんいち》の強い影響力が働いている。田中は事故後いち早く、伊達市の放射能アドバイザーに就任、除染を主導した。

伊達市では未だ、市内の７割を占める地域では面的な除染が行われていない。それが、汚染が低いとされるＣエリアだ。住民の生活圏である宅地を、放射性物質が降り注いだにもかかわらず、「そのままに」しているというのは他に例を見ない。

また伊達市は、個人線量計（ガラスバッジ）を６万人もの全市民に、１年間装着させ、実測値を得た唯一の自治体だ。そして大方の市民が危惧したように、この貴重なデータは「宮崎早野論文」と呼ばれる学術論文に「勝手に」使われ、被ばく管理基準の緩和の根拠として利用されている。この論文は、非常に問題の多いものであることが専門家から指摘されているが、市民の同意を得ずにデータを渡したという伊達市には、単なる落ち度というより確信犯的な臭いが漂う。

この「仕上げ」については、「文庫版のためのエピローグ」で詳しく見ていきたい。

原発事故からもうすぐ9年。今、放射能を気にすること自体が後ろめたいという事態になっている。もはや国は放射能汚染、被ばくの危険性を「ない」ものにしたいのだろう。迫り来る東京オリンピックのために。

このような風潮に押しつぶされそうになる「今」だからこそ、被ばくの危険から目をそらさず、事実と向き合い、身を挺《てい》して子どもの前に立ち続ける親たちの姿を見つめたい。放射能を受け入れるという、「折り合い」がつけられない親たちの姿を。

とりわけ伊達市は早くから、市長自ら「心の除染」を謳《うた》ってきた。放射能汚染を心配する気持ち――そんな「根拠のない」感情をこそ、除染すべきであると。

ゆえに本書のタイトルは、この前伊達市長の〝名言〟からいただいた。

子どもを守るという、たった一点の曇りなき思いに支えられた家族の営み、その思いすらを「除染」しようとする伊達市で、親たちはこの間、どのような歩みを続けてきたのか、そして今後をどう思うのか――。それを本書で伝えるのも、私の目的だ。

強く思う。私はその人たちの側に立ちたい。自分もまた親であり、守るべきものを持つ大人として。この地で育んでもらえた、一人の人間の責任として。

ひとたび原発事故が起きれば私たち一般市民はどのような事態を甘受させられるのか、何が起きるのか、伊達市に注目していくことは、その具体例を疑似体験していただくことに他ならない。そしてそれは決して、対岸の火事ではないと思うのだ。

序章

2011年3月11日。すべては、この日から始まった。

この日、福島県伊達市の空は気持ちよく晴れ渡っていたという。冬場は、どんよりと陰鬱な雲が立ち込めるこの地。青空が少し垣間見《かいまみ》られただけで、春の鼓動を感じて心が浮き立った日を思い出す。

春の訪れをそろそろ期待していいかもしれない、そんな季節を迎えていた。午後2時46分、震度6弱という激震が伊達市を襲った。

（1）早瀬家

伊達市のなかでも霊山町は阿武隈山系に位置する山あいの町だが、中心地から南西へ下った山に囲まれた土地に、「小国《おぐに》」という集落がある。

福島市と川俣町に接するこの小さな山里はのちに、「特定避難勧奨地点」が設定され、全国的に注目されることになるのだが、普段は人里離れた静かな土地だ。

周囲を標高２００～３００メートルの山々に囲まれ、川沿いのわずかな低地に田畑が開かれ、農業や林業を主な生計手段として人々は暮らしてきた。

集落の歴史は古く、伊達政宗に仕えた地侍を先祖にもつという、26代以上続く農家もある。かつて養蚕で栄えた時期もあったが、今は過疎化が進むばかりだ。

村の成り立ちを見ると、明治の町村制施行時に下《しも》小国村、上《かみ》小国村、大波《おおなみ》村の三つを合わせて「小国村」となり、戦後は１９５５年に誕生した霊山町に編入され、小国村は廃止された。この時、大波村だけは隣の福島市に編入され、小国と袂《たもと》を分かつ。

地区の人口は、「上小国」と「下小国」の両方を合わせても１３００人ほど。

中心部は、小学校や商店もある下小国地区で、ここには福島と相馬を結ぶ幹線道路、国道１１５号線も通っている。

小国唯一の小学校「小国小学校」は、全校児童が50人ほど。かつては上小国にも小学校があったが統合されて久しく、子どもの数は減る一方だ。

早瀬《はやせ》道子《みちこ》（仮名、当時39歳）は、この下小国で暮らしていた。

「早瀬家」は夫の和彦《かずひこ》（仮名、当時41歳）と夫の母、子ども３人の６人家族だ。

先祖代々、小国の住民なのではなく、この土地を選んで移り住んできた「新住民」だ。

霊山町中心部に住んでいた夫妻は、自然の中で子どもを育てたいという強い思いがあり、

2人目の子どもの誕生を前に、田舎暮らしを実現しようと下小国に中古の家を買って、夫の母を呼び寄せ、3世代の暮らしが始まった。周囲には牧草地や沼もあり、夫妻が望んだ理想的な環境だった。

小国の地で子どもが2人生まれ、犬や猫も家族となり、夕方には家族みんなで犬を連れて散歩をするのが日課で、その折々に採った山菜やキノコが食卓にのぼるという、「理想の暮らし」が始まって4年を迎えたところだった。

道子は、私と同じ伊達市梁川町の生まれだ。ただし保原町と隣接する堰本《せきもと》地域という、梁川でも南部のエリアで、梁川中心部で育った私と小学校は違うが、中学は同じ梁川中学校に通った。道子の実母は兄が住む横浜に身を寄せ、実家は無人になっていた。

3月12日、午後3時36分、福島第一原発1号機が水素爆発。

この爆発を、道子はテレビのニュースでリアルタイムで知った。瞬間、亡父の言葉が蘇《よみがえ》った。幼い道子に、父はずっと言っていた。

「福島県は原発がある県だから、もし原発が爆発したら、車に乗ってみんなで遠くに逃げるぞ。逃げないとダメだからな」

テレビのニュースは、父が言っていた「逃げる」という事態に当たるのか、道子には何が何だかわからない。ニュース画面を見つめながら、道子は夫に言い続けた。

「逃げなくていいの？　逃げなくて大丈夫なの？」

午後6時25分、半径20キロ圏内に避難指示。

「10キロの避難の時はまだ大丈夫かなって思ったけど、20キロになった時、私はもう、だめだって思った。だって、空気を渡ってやってくるんだから」

翌13日は、「ただ、家にいた」。テレビは原発のニュースばかり。

「『直ちに影響がない』って、そればっかり。私、頭にきて、その日の夜、テレビ局にファックスしたの。『直ちに影響がないって、後から影響があるんじゃないですか』って」

14日は月曜日だが、小国小学校1年の長男、龍哉《りゅうや》（仮名、当時7歳）を学校に行かせるつもりはなかった。まもなく、地震の影響で学校も幼稚園も休みになった。

午前11時1分、3号機が爆発。

15日、午前6時14分、4号機爆発、2号機で衝撃音。11時、半径20キロから30キロ圏内の住民に屋内退避指示。

放射性物質が飯舘村や伊達方面へと流れてきたのは、この爆発の時だった。

「子どもは絶対に外に出さなかった。窓やサッシはほとんど開けなくて、玄関を開けるのは井戸水を汲《く》む時だけ。お風呂は無理でも、煮炊きするぐらいは、井戸水でなんとかなったから」

初めて子どもを外に出したのは17日。ドラッグストアでの食料の買い出しと、入浴施設へ行くことにしたからだ。水道が止まってお風呂に入れないため「バケツ風呂」で対応してきたが、さすがに子どもには限界だった。だけど……と道子は唇を嚙《か》む。

「買い物では車から出さなかったけど、お風呂。霊山町の紅彩館《こうさいかん》という、今、考えれば、一番放射能の高いところにわざわざ連れてったんだよね」

紅彩館は「霊山こどもの村」の一角にある入浴施設だ。ここ霊山町石田地区はのちに特定避難勧奨地点に指定されるほど、線量が高い場所だった。

しばらく後になって道子は、霊山こどもの村で働いていた知り合いからこんな話を聞いた。

「たまたま線量計があって測ったら、30、40と上がって100（マイクロシーベルト／時）近くまでなったって。15日の夕方からとくに高くなったって。どんどん上がるから伊達市に報告したけれど、何も動きがなかった」

15日の夕方は、福島第一原発から北西方向に放射性物質が風に乗って運ばれた時だ。その放射性プルームは飯舘村上空の雨雲で降下、沈着した。飯舘村に隣接する伊達市霊山町や月舘町一帯にも、この時に放射性物質が降り注いだ。

この時期、後に飯舘村同様、計画的避難区域とされた川俣町山木屋《やまきや》地区でも3桁の数値が観測されたという「噂《うわさ》」がある。もちろん、正式な記録として残っているわけではない。

23日、横浜に住む兄から連絡が入った。

「海外のスピーディ（SPEEDI、緊急時迅速放射能影響予測ネットワークシステム）をネットで見たら、そっちに飛んでいる。すぐに逃げろ」

夫は新潟出張のため、しばらく家にいない。

「別の親戚からも、逃げろって連絡が入った。栃木まで迎えに行くからと。でも高速も止まっていて、ガソリンも十分にあるわけでもなく、そんな状態で飛び出してガス欠になったらどうすんの？　子どもがいるのに。お父さんが新潟でガソリンを買ってくると言っていたから、それまでは辛抱しようと……」

夫が新潟から戻った翌日の31日、一家は横浜へ向かった。夫は妻子を送り届けて小国に戻ったが、道子たちはしばらく横浜で過ごすことにした。子どもたちが外で遊ぶ姿を見たのは、久しぶりのことだった。

放射能の心配のないところで、しばらくのびのび過ごさせたい。しかし、この願いは叶《かな》わなかった。まさか、この状態で通常通りに新年度が始まるとは思えない。しかし伊達市教育委員会に問い合わせたところ、担当者は事もなげに言った。

「もう、大丈夫ですから。何でもないですから、入学式も入園式も普通に行います」

4月3日、迎えに来た夫の車で一家は小国に戻った。

「帰りの道中、福島県に入ったのに、子どもたちは横浜のノリで、地べたに寝そべったり座ったりごろごろするの。それがすごく嫌で、『やめて、やめて』って私、何度も言って……」

道子が勤め先である幼稚園へ出勤した4日と5日、子どもたちは義母の目を盗んで外で遊んだ。「横浜のノリ」そのままに。

幼稚園年少の長女、玲奈《れいな》（仮名、当時5歳）が鼻血を出したのは、翌6日の朝のことだ。これまで鼻血など出したことがない子なのに、それも布団を真っ赤に染めるほどのおびただしい量だった。

「だんなは、『鼻、引っ掻《か》いたんだべ』って軽く言うんだけど、私には到底そうは思えなかった。引っ掻いたぐらいじゃ出ない、とんでもない量だったから」

そうであっても道子はまさか、今、この時にわが家やその周囲が、住んではいけないほどの放射線量を記録しているとは思いもしなかった。

（2）高橋家

2011年3月11日、霊山町上小国に住む高橋佐枝子《さえこ》（仮名、当時51歳）は、霊山中学校で行われた長女の彩《あや》（仮名、当時15歳）の卒業式に出席した。

上小国は、道子が住む下小国より南方に位置する山あいの地域だ。山裾にぽつんぽつんと点在する大きな屋敷が目を引くが、天井が高いこれらの家々は、かつての養蚕農家だという。養蚕で栄えた歴史をもつこの地域は、山あいの狭い土地に張り付くように田んぼや畑が開かれ、小規模な酪農農家も数軒ある。

ほとんどの住民が一戸建てに住み、１７４世帯（２０１０年調査）のうち、持ち家に１７２世帯、借家に2世帯が住む。先祖代々受け継がれている家と土地で、日々の暮らしが営まれている地域だった。

この日、卒業式を終えた彩は友人たちと打ち上げをするために福島市内へバスで出かけて行った。小国から福島駅周辺まではバスで約20分、伊達市中心部の保原へ行くのと変わらないとなれば、福島の方が魅力的だ。

佐枝子が地震に遭遇したのは、老人ホームに義母の洗濯物を取りに行った時のことだった。義母の手を握って施設の外に出た後、高校の春休みで家にいる長男の直樹《なおき》（仮名、当時17歳）に電話をした。直樹は母屋に住む義父の無事を確認してくれていた。家も大丈夫だという。

次男の優斗《ゆうと》（仮名、当時12歳）は小学6年生、まだ小国小にいる時間だ。ならば、優斗は安全だ。佐枝子にとって心配なのは、福島市内にいる彩だった。

「まだ、明るかったからいいけど、真っ暗だったら、福島まで行けたかどうか……」

ごったがえす福島駅西口で彩と友人を見つけ、友人を家まで送り届け、無事に自宅に戻った。優斗は友達の母親が、車で送ってきてくれた。国見町に勤務している夫の徹郎

（仮名、当時51歳）は、阿武隈川にかかる橋がことごとく通行止めとなり、梁川橋だけが通れることがわかって、崩れた道路を回避しながら、ようやく帰宅。家族全員が無事に揃《そろ》った。

佐枝子は、私の梁川中学校の同級生だ。在学当時は面識がなく、幼なじみから原発事故取材のために紹介してもらった仲だ。

佐枝子の住む集落には、水道が通っていない。正直、中学の同級生が水道が通っていない山奥で暮らしていることは驚きだった。梁川で暮らしていた子ども時代から、水道がない生活など考えられない。しかも佐枝子は嫁として義父母の介護をしながら、3人の子育てをしている。自分とかけ離れた「その後」の人生を見て、私には到底、真似《まね》できないとつくづく思う。

高橋家は田んぼと畑をもつ兼業農家なので、米は十分にあった。水はもともと井戸水だしライフラインに何ら支障はないわけだから、着の身着のまま、この日は寝た。

福島第一原発1号機が爆発したのは、翌12日。もちろん佐枝子も徹郎も、テレビのニュースでそれは見ている。だが所詮、自分たちとは関係のない、遠く離れた場所での出来事だった。

「爆発したのは知ってたけど、遠いからね。山越えて、こっちまで来ないよねって感じ」

徹郎も同じだった。

「テレビで、『大丈夫、大丈夫』って言っているし、放射能が降ってるなんて思いもしないから、俺は地震の次の日から毎日、野郎子《やろこ》（男の子を意味する方言。ここでは長男）連れて、自転車で買い出し。ガソリンがねえがら、車使わんにくて（使えなくて）。食料品は、2日目から何もないから。肉とかそういうの。ここらは店、ずっとないから」

3月15日朝、4号機が爆発。この日、第一原発付近の風向きは北西方向。この風に運ばれて、「まさか、いくつも山を越えてまで来ないべ」と佐枝子が思っていた小国にまで、放射性物質はやってきた。

高橋家と同じ集落に住む市会議員、菅野喜明《かんのよしあき》（当時34歳）には、忘れられない光景がある。

「3月16日は議会最終日だった。その日、朝10時の議会に出るために外に出たら、太陽が霞《かす》みがかっている感じで、空気がキラッキラ光っている。まるで、ダイヤモンドダストのような。空気が黄金色にキラキラ光っていて、これはなんじゃって。市役所のある保原に行くと、そんなにひどくない。空気が光っているって嫌ですね、あれはなんだろうと……。家の中にいるのに息苦しくて、呼吸ができないんです」

この日、空気が光っていたという複数の証言があるが、佐枝子にその記憶はない。むしろ大変だったのは、食料調達だったと振り返る。

「それでも、テレビで言ってることはやってたの。マスクつけてジャンパーを着て、着た服は家の中に入れないようにして、外で脱いで袋に入れて外に置いておく。窓は開けないで、換気扇は回さない」

しかし後に佐枝子は、この日のことを身が引きちぎられるほどに悔いるのだ。

「15日は夕方から雪になったの。16日の朝、私が雪掃きしていたら、優斗が『オレ、手伝ってやっから』って外に出てきたの。マスクもしてないし、帽子もかぶってないのに、私、優斗に雪掃きさせたんだよ。ここらが放射能が高いなんて、全然、知らないから」

16日、県立高校の合格発表が行われた。

「高校に問い合わせたら、できれば来てもらいたいって。だから彩を車に乗せて一緒に行って、入学の書類をもらって、結果を中学校に報告して帰ってきた」

彩が入学する福島市内の高校も、そして霊山中学校周辺も放射線量は決して低くはない。しかも、放射性ヨウ素が盛んに飛んでいた時期だった。

実際、前日の15日、すでに福島市では原発爆発後、最大の空間線量を記録していた。その要因は15日の夕方、福島第一原発周辺から東南東及び南東の風が吹いたことで、この日、北西方向に高濃度汚染地帯が作られたのだ。

最も顕著なのが飯舘村で、午後6時20分に44・70マイクロシーベルト／時を記録。

この時、飯舘村に隣接する霊山町小国にも放射性物質が降り注いだ。

飯舘村を通過した放射性物質が次に向かったのが、福島市だった。午後7時30分に、福島市は24・08マイクロシーベルト／時という最大値を記録する。

しかもこの日、伊達市や福島市がある中通り地方では雨が降っていた。山深い小国では、それが雪になった。この雨や雪によって放射性物質が降下、中通り一帯に放射性物質が沈着するという不幸が起きた。

繰り返すが、県立高校の合格発表はこの翌日のことだ。

中学校を卒業したばかりの生徒たちが幾人も、屋外の掲示板で、自分の合否を確認するために県内各地を歩き回った。放射性物質を警戒するアナウンスは何もなされず、無防備なままで。

やがて、小国は線量が高いという噂がちらほら聞こえてくるようになった。高橋家のすぐ近く、旧上小国小学校跡地につくられた小国地区の公民館「小国ふれあいセンター」が高いという声が耳に入ってくるけれど、正確な数値は誰も知らない。

たまたま、同じ上小国に嫁いでいる佐枝子の姉が小国ふれあいセンターで働いていた。姉は爆発後のかなり早い時期から、白い防護服を着た男たちがふれあいセンターに来ているのを目撃していた。線量を測っているとわかったので、声をかけた。

「ここは、なんぼ、出てるんですか?」

いくら聞いても、数値は教えてもらえない。その人たちは毎日来た。機械の数値だけでもこっそり見ようとしたが遮られ、代わりにこうささやかれた。

「もし、行くところがあるのなら、避難した方がいいですよ」

23日、伊達市は小学校の卒業式を通常通りに行った。

伊達市が発行した『東日本大震災・原発事故　伊達市3年の記録』(2014年刊)で、伊達市は「見えない敵　放射能との闘い」の節を、3月23日から始めている。放射能対策の起点であり、この日からすべてが始まったというのが伊達市の理解だ。記録は、この記述から始まる。

〈国は、SPEEDI(緊急時迅速放射能影響予測ネットワークシステム)により、3月12日午前6時から24日午前0時までの被ばく試算線量を初めて公表し、福島第一原発より北西方向に放射能汚染が拡大しているとした〉

スピーディの公表により、伊達市は初めて、放射能汚染と無縁ではない、むしろ汚染されているという事実を公的に知った。

なのにこの日、伊達市は小学校の卒業式を強行した。母たちがPTAを通し不安の声を寄せたが、聞き入れられることはなかった。ちなみにこの年に卒業式を行ったのは、中通りの県北地域では伊達市と大玉村《おおたま》だけだ。

小国小学校の場合、式は卒業生だけで行われた。体育館が地震の被害に遭ったために、音楽室での式となった。佐枝子にとっては一番下の優斗の卒業式だ。直樹から始まり長年通った小国小との最後の日。「卒業式はやってほしかった」と佐枝子は出席、優斗の門出を祝った。

この時の小国小がどれほどの放射線量だったのか、今となっては誰もわからない。「だて市政だより　災害対策号」（以下「災害対策号」）に小国小の線量が掲載されたのは、5号（2011年4月15日発行）が初めてだ。そこには5・78マイクロシーベルト／時という数値があった。卒業式の時点では放射性ヨウ素もあったわけだから、合わせて考えれば、どれほどの高線量になっていたのだろう。伊達市はそこに小学生を呼び寄せたのだ。

4月19日に発表された、14日の文部科学省調査「福島県学校等空間線量及び土壌モニタリング」によれば、郡山市《こおりやま》、福島市、本宮市《もとみや》、二本松市《にほんまつ》、伊達市の調査対象校で最も空間線量が高いのが小国小学校だった。校舎外平均1メートルの高さで5・2マイクロシーベルト／時、50センチで5・6マイクロシーベルト／時。2番目に高いのが同じ伊達市保原町にある、富成《とみなり》小学校。1メートルで4・6マイクロシーベルト／時、50センチで５・０マイクロシーベルト／時。富成地区ものちに特定避難勧奨地点が設定された場所だ。

ちなみに原発事故前の福島県の空間線量は、０・０３５〜０・０４６マイクロシーベルト／時（２０１０年度「原子力発電所周辺放射能測定結果報告書」）。

佐枝子は振り返る。

「あの頃からだよ。喉がずっとイガイガしてんの。それはみんな、言ってた。子どももずっとそうだった。マスクして寝てるのに、イガイガするの。鼻の中は今も、変。鼻汁はかんでも出ないし、鼻くそが溜《た》まる。とってもとってもすぐ溜まる。粘膜が変なのが、ずっと続いている」

市議の菅野喜明がいろいろ手を尽くして、ようやく小国地区の線量を測ることができたのは後述する地元紙「福島民報」の小国小に関する報道に先立つ、3月29日のことだった。

小国ふれあいセンターで、７・２４マイクロシーベルト／時。同日、飯舘村役場が８・６１マイクロシーベルト／時。飯舘村とそう変わらない数値だった。

伊達市が広報誌で市内各地の放射線量を公表したのは、「災害対策号」３号（２０１

時（4月3日測定値）。同4号（4月8日発行）では、3・89マイクロシーベルト／時。以降、高くても4・40（5号、4月9日測定値）などの値となっている。

菅野は早口で一気に話す。

「最初の7・24マイクロシーベルトは嘘《うそ》ではないと思う。これがなぜ、一気に下がったのか。あまりにも半減期が早すぎる。ふれあいセンターのどこを測ったのか。行政が対応を始めたことによって、隠蔽というより、下げたのだと思う。あくまで推測ですが」

菅野は3月31日に、県庁にあった原子力災害現地対策本部・オフサイトセンター（緊急事態応急対策拠点施設）へ行き、原子力安全課防災環境対策室の室長に訴えた。2日前の数値が菅野を駆り立てる。知らぬ間に怒鳴り声になっていた。

「小国の線量が相当高い。高いところがあるのだから、ちゃんと測ってくれませんか。とにかく小国に来て、ちゃんと測ってください。小国にも避難とか、あるんじゃないですか」

室長の答えは淡々としたものだった。

「今、点的の調査をしている。面的調査の時にはやりますよ」

菅野はその足で、米の作付け制限を検討している県の農林水産課に出向いた。

「小国の土壌調査をしてほしい。耕運する前にとにかく、土壌調査だ」

菅野は言う。

「当時、ある程度、勉強したんです。チェルノブイリでは汚染土壌は剝がしたという。小国が飯舘村並みの汚染なら、作付けが始まると土が混ざってしまう。この時期なら1センチか2センチ、表土除去をすればいい。混ぜちゃうときれいな田んぼや畑で農業ができなくなる。だからなんとしても土壌調査をして、作付けを止めたかった。県の答えは市と協議してやるということでしたが、結局、やってもらえずに、土壌調査は月舘町だけで行われた」

「災害対策号」4号にはこうある。

〈4月6日、県より土壌調査の結果が発表されました。市内では月舘地域以外について作付自粛が解除されました。今まで控えていた田畑の耕うん作業や植付け作業を、計画的に進めてください〉

菅野は、「文部科学省及び米国DOEによる航空機モニタリングの結果（80キロ圏内のセシウム134、137の地表面への蓄積量の合計）」という、蓄積量により色分けされた地図を見せてくれた。これは次章で詳述する、小国地区の特定避難勧奨地点設定において大きな示唆を与えるものとなるのだが、4月29日段階では、小国地区は飯舘村や飯舘村と接する伊達市月舘町、南相馬市の一角と同じ、「黄色」に塗られている。小国はまるで、「黄色」の飛び地。

「黄色」が示す値は、以下のものになる。

100万~300万ベクレル／平方メートル。

菅野は諦め口調で振り返る。

「あの時の作付け制限の基準は、土壌1キロあたり5000ベクレル。小国の値はケタが違う。測りもしないで1平方メートルあたり300万ベクレルある土地を耕して米を作ったから、小国では秋、基準値超えの500ベクレルどころか、800ベクレルを超える米がばんばんできた。なかには1000ベクレル超えもあった」

菅野は自嘲気味に言う。

「多分、アメリカの調査で県はわかっていたと思いますよ。高線量の飛び地が小国にあると。結局、6月の勧奨地点設定まで何もしなかった」

（3）椎名家

まさか数ヶ月後に、自分がいくつものテレビカメラの前に立つことになろうとは、椎《しい》名敦子《なあつこ》（仮名、当時38歳）には思いもしないことだった。

霊山町下小国で自営業を営む家に嫁いで12年、福島市内で生まれ育った敦子にとって、小国は「お嫁に来なかったら、わざわざ行く場所ではない」土地だった。

2人目の子どもが生まれて同居を始めた時には、曽祖父に曽祖母、祖父母、義妹、夫婦に子ども2人という大家族だった。

自宅は国道115号に面し、同じ小国でも早瀬道子や、まして上小国の高橋佐枝子が住む山あいと違って、近所に商店もある小国の中心部に位置する。ここで代々、自営業を営んできた。

その日、小国小5年の長男の一希《かずき》（仮名、当時11歳）と2年の長女の莉央《りお》（仮名、当時8歳）は学校へ、夫の亨《とおる》（仮名、当時38歳）はお客のところへ。敦子は自宅にある事務所で、事務作業を行っていた。

「携帯の地震速報が鳴ったから、事務所の隣の茶の間にいるひいばあちゃんに、『ひいばあちゃーん、地震、来るってよー』って声かけたら、すぐに揺れだした」

今まで知っている地震と大違いだった。

一希は教師が付き添って徒歩で帰宅し、莉央は同級生の母親が車で送ってきてくれた。

地鳴りというものを初めて聞いた。ゴゴゴゴゴーと地を這《は》ってくるような、不気味な音が一晩中、地の奥底から響いてきた。

亨はこの日の夜から、福島第一原発の状況をネットで逐一追っていた。しかし、敦子にとってその時は、津波が最大の関心事だった。

「主人は原発が危ないとか言うけど、そんな話、全然、本気で聞いていなかった。絶対、ここまで来ないでしょう、放射能なんてって。うちは幸せだからいいじゃん。家もあるし、家族も無事だし。それより、荒浜で何百もの遺体があがったってどういうことだろう、何が起きたんだろうって恐怖でした。しょっちゅう、遊びに行っていたところだし、そっちの恐怖の方が大きかった」

翌日ももちろん、原発のニュースばかり。枝野幸男《えだのゆきお》官房長官が、「直ちに健康に影響はない」と繰り返すのを、敦子は他人事のように眺めていた。

強烈に覚えているのは、長男の一希が泣き喚《わめ》いたことだった。

「1号機だったか、爆発の映像をテレビで見た時、一希が『この世の終わりだー!』って泣いたんですよ。そんなこと、誰も教えていないのに。だって私たち、原発は安心で安全なエネルギーって教わってきたんだから」

泣き叫ぶ長男を、「大丈夫だよ、ここまで来ないからね」と慰めた。敦子はふっと、自嘲気味に笑う。

「子どもの言う通りになっちゃった」

家の外に「何か」があると実感したのは、亨の知り合いが線量計を持って来た時だ。1号機の爆発から1週間後のことだった。初めて見る機械、それがまさか、ほどなく馴染みのものになってしまうとは。

「線量を調べられる機械だって説明されて、外で電源を入れたらすぐにピーピー鳴って、地面に近いところで5とか6、1メートル上だと3、家の中だと0・15。だから、家の中は安全なんだと言われました」

何が危険で何が安全なのかはよくわからない。その数字が意味するものもよくわからない。ただ初めて、見えないけれど目の前に、「あっ、何かがあるんだ」ということはわかった。外と家の中の違いも。

「それからは子どもをなるべく、外に出さないようにしました。出す時はテレビで言っているように、マスクして長袖長ズボン。どこまで効果があるかはわからないけど、テレビでそう言っているのだから」

莉央は言うことを聞いて家で過ごしていたが、一希は親の目を盗んではちょこちょこ抜け出して外へ行った。

「その年の冬の甲状腺検査で、一希はA2、莉央はA1。あの時、家からちょこちょこいなくなっていたからだなって思いました」

福島県は2011年3月11日時点で0歳から18歳だった子どもを対象に、2011年10月から甲状腺検査を実施した。後に詳述するが、判定はABCの3種に分けられ、A1は結節や嚢胞《のうほう》が認められなかったもの、A2は結節や嚢胞が認められたものである。同じ家とCは二次検査を行う。その必要がないAは、さらにA1とA2に分けられ、Bとは結節や嚢胞《のうほう》が認められなかったもの、A2は結節や嚢胞が認められたものである。同じ家に住むきょうだいでA1とA2に分かれたのは、事故当初、外に出ていたかどうかの違いだと敦子は考えている。

地震の後、学校は4月5日まで春休みとなった。卒業式は卒業生だけで行うことになったが、敦子はPTA役員だったこともあり、「在校生もいなくてかわいそうだから」という思いで出席した。

「本当は親同士で意思の疎通をはかりたかったんです。心配している人がどれだけいるのか、お母さんたちみんながどう思っているのか、私だけが不安なのか、知りたかった。でもそれを口に出すのは難しかった」

その頃から、「数字」が日常生活にちらほら現れるようになった。

「災害対策号」の1号が発行されたのは3月21日だ。そこで市長は「20キロメートル以上離れた地域の住民が放射線による健康被害を受けることはない」と、市民に「安全だ」というメッセージを送った。

だが同号に記されていた、保原町にある伊達市本庁舎敷地内の放射線量は、このような値を示していた。

3月17日　7・35マイクロシーベルト／時
3月18日　7・55マイクロシーベルト／時

小国よりずっと線量が低いとされる保原町でさえ、これほどの高線量を記録していた。とはいえ、こうした数字をポンと投げかけられても、何を意味するのかは敦子だけでなく、当時、誰だってわかってはいなかった。

同時期から地元放送局のテレビ画面には、テロップで線量が毎日表示されるようになる。

「最初は24とかだったから、それが10に下がってよかったねって喜んでいたんです。あの時はモニタリングポストが福島にしかなくて、そのポストがどこにあるのかも、数字の意味もわからない。後になって、勧奨地点の話が出た時に避難の基準が3・2だったから、あれ、めちゃくちゃ高かったんだってわかったのですが」

5や6という数字が高いのか低いのか、子どもにどう影響を与えるものなのかはわからない。しかし新学期を迎えるにあたって、敦子は子どもたちを学校まで歩かせたくはなかった。外に「何か＝放射能」がある以上、徒歩通学をさせたくない、それはどうやっても譲れない思いだった。集団登校で一緒に行く子どもの親たちに電話をした。

「皆さん、仕事で忙しいと思います。うちは自営なので時間が取れますから、行きと帰り、うちの班の子どもたちを車で送迎したいんです。させてください」

果たして、どの親も同じ思いだった。みんな、不安だったのだ。敦子が主に担ったが、市が小国小の子どもに通学バスを出すまでの1年間は親たちが協力して車による送迎を続けた。

「自分の中で今でも、これは一番よかったって思っています。そこだけは、悔いがないんです。一度も、子どもを小国で歩かせていないですから。それも、新学期の最初から」

小国小学校では新年度のスタートにあたり、当面、屋外の栽培活動は控え、体育の授業は屋内で実施する方針を、始業式の「お便り」で保護者に伝えた。

4月13日、伊達市教育委員会は放射能に関する指針を発表した。

「体育、部活動は屋内で。栽培活動は控える。登下校時など外出時は帽子、長袖、マスクを着用する。外から戻った時はうがい、手洗い。教室の窓は閉める。換気扇、エアコンは使用しない」など。

4月20日、伊達市のサイトにアップされた小国小学校の「環境放射線測定値」が、保護者に学校から伝えられた。

「測定場所　校庭中央：地面から高さ1メートル地点」

「4月10日　5・78、11日　5・77……」と連日、5マイクロシーベルト／時超えという数値が並ぶ。校庭での活動をしないとはいえ、子どもたちはこの場所に毎日、登校していたのだ。1年生から6年生まで全校児童57名という山あいの小さな学校で、原発周辺自治体の避難に紛れる格好で、このような事態が起きていた。

敦子は母親たちと協力して、通学路の放射線量を測定して回った。

「学校が始まってすぐに始めました。民主党の議員さんから線量計を借りて、お母さんたちで手分けして、子どもが実際に歩く場所を測ったんです。どこが高いか、知っておこうと。普通に3マイクロとか4マイクロはありました。風が吹けば、みるみる数値が変わるし、どの数値を信じていいかわからない。でも測ったことによって、放射能が小国にいっぱいあるというのがわかったんです」

自分たちの測定した数値と、新聞に載っている避難の目安となった数値を比較すれば、小国の数値が無視できないほどに高いことに否応なく気づかされる。

隣の飯舘村では「計画的避難区域」というよくわからない名称のもと、全村避難の動きが始まっていた。

なのに、小国では子どもたちは「普通に」学校へ通っている。みな、長袖・長ズボン、マスクを着用するという出で立《いた》ちで。

「こんなに高いのに、なんで、誰も言ってくれないの？　なんで伊達市からは何もないの？　逃げましょうとか言ってくれないの？」

敦子には理解できなかった。なぜ、市の広報車が来て注意を喚起しないのか。子どもを安全な場所へ移してくれないのか。それをするのが行政ではないのか。そうやって住民は守られるべきものではなかったか。

わが子が通う小国小学校が、福島県内の避難区域以外で――すなわち原発事故後も子どもが通っている小中学校の中で、最も高い放射線量を有していると知らされたのは、伊達市からでも学校からでもなく、4月20日の文科省発表を受けた「福島民報」の報道記事からだった。

「衝撃でした。目を疑いました。何より理不尽だったのは、教えてくれたのが新聞だったということです。ふざけていると思いませんか」

当事者でありながら、自分たちが身を置く自治体から何のアクションもない。子どもの被ばくをなんとかしようと動くどころか、見て見ぬふり、まるでほったらかしだ。

今まで漠然と信じていたもの、国や県や市は自分たちを守ってくれるという信頼が、足元から崩れていくような思い。敦子はこれから身をもって、理不尽さを知ることになる。

（4）川崎家

この日は、父の検査の日だった。川崎真理《かわさきまり》（仮名、当時38歳）は、だから忘れもしないと振り返る。

「3月8日に急に入院することになって、でもそれはあくまで検査のための入院でした。11日の午後に検査をすることが決まっていました」

保原町で育った真理は、1997年に、地域は違うが同じ保原町に住む夫のもとへ嫁いだ。周囲には見渡す限り田畑や果樹園が広がり、盆地を取り囲む山々の前に遮るものは何もない。３６０度、気持ちよく視界が開けた平野部に、川崎家はある。「ここだから、お嫁に来たのかも」と真理は冗談めかして笑う。

結婚後しばらくは夫の両親と同居していたが、原発事故の2年前に同じ敷地内に家を建て、子ども2人と夫婦の４人で始まった新生活は快適なものだった。

長男の健太《けんた》（仮名、当時10歳）はやっと授かった子どもだ。同じ年の末に生まれた長女の詩織《しおり》（仮名、当時9歳）は、学年は違うものの８ヶ月しか離れていないという年子。

子育てが一段落した真理は、ガス検針の仕事に就いた。幼い子どもがいる身には時間の融通がきく仕事がありがたかった。二つ年上の夫は隣町の工場に勤務していた。

真理が地震に遭ったのは、町内のドラッグストアの店内だった。

「突然、揺れたんです。私、仕事のしすぎで目眩《めまい》？　と思ったけど、目眩じゃなくて、棚からどんどん物が落ちてきて、通路がふさがってしまい動けなくなった。天井に吊《つる》してあったガラスのようなものが割れて落ちてくるし」

家の中は物が散乱して、足の踏み場もない状態だった。真理にとって何よりショックだったのは、新築してまだ2年も経《た》っていない、「念願のマイホーム」の変わり果てた姿だった。「地震に強い」がキャッチフレーズの家を選んだのに、１階の居間の壁が割れて大きな亀裂がいくつも走り、壁紙は剝がれ落ち、無残なありさまを呈していた。

「人生、もう終わったって思った。苦労してやっと建てた家なのに、何のために、これまでやってきたんだろうって……」

それでも「地震に強い」鉄骨の家ゆえ、外で過ごす必要はなかった。

もう一つショックだったのは、この日の午後に予定されていた父の検査が、地震により延期されたことだった。

「検査して治療して、家に帰ってくるはずだったのに、検査もできずに、そのままずるずると入院していて、父は刻一刻と状態が悪くなっていきました」

父は家についに戻ることはなく、5月初旬に亡くなってしまうのだが、ゆえに地震後の真理の心を覆っていたのは、ひとえに父の容態だった。

「もちろん、地震があって、津波が起きたというのはわかっていました。3月13日に、祖母の四十九日法要があったのですが、その時はまだ原発が爆発したのは知らなくて、お寺で親戚としゃべったのは、地震がすごかったねってそれだけです」

爆発を知ったのは、14日のこと。でもそれは遠い場所でのことだった。

「ここは60キロも離れているし、テレビで見た同心円の中には入っていないから、うちらには関係のないもんだと思っていました」

真理がガス検針の仕事を再開したのは、その14日だった。

会社から「地震でガスボンベが外れていないか点検するように」と連絡が入ったため、14日の午後に保原町柱沢《はしらざわ》地区を車で点検に走った。車を停《と》めては一軒一軒、ガスメーターの場所に行くという確認作業を午後いっぱいかけて行った。点検車には特別に、ガソリンが支給された。

翌15日には、自分の担当エリアである上保原と富成地区を一軒一軒、同じように車を近くに停めては歩いて点検と検針に回った。

「後でわかったんですが、私が回っていたのって、全部、線量が高い地域ばっかりだったんです。15日は仕事が終わった後に、顔がものすごくひりひりして、どうしてこんなに痛いんだろうって。まさか日焼けじゃないだろうって」

富成地区は、年間20ミリシーベルトを超える地点があるとされ、特定避難勧奨地点が設定されることになる地域だ。上保原は、のちに詳述する区分けによればBエリアだ。真理は高濃度の汚染をもたらした放射性物質が降っている真っ只中《ま　ただなか》に、その場所を無防備に歩いていた。

4月10日の時点でだが、「災害対策号」5号における、「市内小中学校の放射線量測定値」でこのような数値が掲載されている。

上保原小学校　2・62マイクロシーベルト／時
柱沢小学校　3・80マイクロシーベルト／時
富成小学校　5・14マイクロシーベルト／時

真理は自分のすぐそばに、高い放射線量を放つ放射性物質があるとは夢にも思わない。目の前に広がるのは、いつも通りの風景なのだ。

「原発周辺からこっちへ人が避難してきているわけだから、ここは安全なんだと思いました。原発が爆発したらどうなるかという知識は何もないですよ。せいぜい、チェルノブイリは大変だったという程度。私たちの地域は、そもそも原発がないのだからわからないですし、同心円から離れているから大丈夫だと思っていました」

この時期、茨城にいる兄から「保原は放射能、大丈夫なのか」と電話が入ったが、真理はこう答えている。

「みんな、普通にしているよ。水汲みしたり、普通に歩いているからなんともないよ」

それでも家を留守にする時には、子どもたちに「できるだけ、家の中にいるように」と注意をして出かけた。

「どこからか、あまり外に出ない方がいいと聞いたので。息子はインドア派なので家でゲームをしているからいいのですが、娘はさーっと外に出ちゃう。外で遊ぶのが大好きな子で、親の目を盗んで外に行っちゃうんです」

家の周りには田んぼの灌漑《かんがい》用水が巡らされ、水路に網を突っ込んで「ガサガサ」とするだけで、面白いように魚やザリガニが引っかかる。小さい時から詩織はこうした遊びが大好きだった。

20日には詩織は父と一緒に、家の庭で芝生の種を蒔《ま》いた。

「お父さんが地震で会社が休みになって暇だから、芝生でも植えようって。娘も喜んで土いじりを手伝った。まさか、こっちへ放射能が来てるなんて思いもしないし、避難の指示もないし」

3月20日といえば、放射性ヨウ素も高かった時期だ。

新学期が始まり、子どもたちは小学5年生と4年生になった。

「伊達市の広報は逐一、読んでいました。市長が何も心配ない、大丈夫と書いていたし、その通りだと思っていました。疑うなんて、そんな気持ちは一切ないですよ。市が言ってることは正しいって」

4月下旬、健太のクラスメイトが3人、避難を決めた。健太がお別れの手紙を書くと悲しそうな顔で母に伝えた、その時。

「あの時、なんでかわからないのですが、私、息子と娘に泣いて謝ったんです。『ごめんね、うちは今、避難できない』って。他の家では避難を考えることができているのに、あたしには全然、できなかったっていうことが……」

あの時、溢《あふ》れ出た涙は何だったのか。

原発のことは、気になっていないと言えば嘘になる。しかしあの時、どこかへ逃げようなんていう考えはまったくなかった。

なのに、健太の身近にいる友達は、すなわちその親は現に「避難」という重大な決断をした。ひとえに子どもを守るためだ。それ以外の理由があるはずもない。そこまでの差し迫った状況にここは今、なっているのだろうか。真理には何もわからない。

ただただ、転校する友達に手紙を書いている健太の姿がたまらなく不憫《ふびん》だった。私は逃げるということも考えられない親なんだ……、そこに思い至った瞬間、涙となった。

「健太、ごめんね。詩織、ごめんね」

子どもたちへの謝罪の言葉が口をついて出た。嘘偽りない思いだった。

真理にとっての2011年は、刻一刻と変わる家族の状況に対応するだけで精一杯だった。だから放射能のこと、被ばくから子どもをどう守るか……、それは二の次、三の次だった。

だって伊達市が大丈夫だと言っているのだから、大丈夫に決まっているし、ガラスバッジも訳がわからないがつけているし、ホールボディカウンター（WBC）検査も伊達市はやってくれているし。だから、心配はないのだと。

真理に、甘くない「現実」が突きつけられるのは翌年、甲状腺検査が始まってからのことだ。それはわが子の「死」がちらつくほどの、過酷で理不尽な現実だった。

第1部　分断

1　見えない恐怖

激震は、まず小国を襲った。

始まりは、降ってわいたように小国にマスコミが大挙して押し寄せたことか、それとも1枚のファックスが伊達市に送られてきたことか。

2011年6月3日、文部科学省からのファックスが伊達市に届いた。この日、伊達市内で年間線量が20ミリシーベルトを超える地域があることが明らかとなったのだ。年間20ミリシーベルトこそ、避難基準の線量なのだ。

2012年3月11日までの推計値
宝司沢《ほうしざわ》　20・0ミリシーベルト／年
石田　20・1ミリシーベルト／年
上小国　20・8ミリシーベルト／年
下小国　19・8ミリシーベルト／年

霊山町石田・宝司沢地区はすでに、5月中旬の時点で国より「計画的避難区域に該当する地域」と伝えられており、伊達市では「自主避難」という形で希望者のみ避難させる、すなわち「地域の実情に応じた対策がベター」だという判断を下した。

これが、伊達市がのちに積極的に採用した特定避難勧奨地点の原型となった。

文科省からの通知を受け取った市長の反応に、深刻さはうかがえない。少なからぬ市民が、テレビニュースで流れた市長のこのようなコメントを記憶している。

「たまたまでしょう。急に（線量が）上がるのはおかしい」

報道機関はすぐに、問題の大きさを察知した。その焦点となったのが、小国地区だ。

小国の住民にとってみれば、飯舘村の全村避難の狂騒が一段落し、やれやれと思っていた直後だった。飯舘村の人々への同情はあったものの、他人事でしかなかった「避難」が、自分たちにも降りかかってくるとは青天の霹靂《へきれき》だった。

普段は歩く人もまばらな山あいの里に何台ものタクシーが停まり、カメラマンと記者らしき人間がマイクを持って、口を開く住民を求めて歩き回る。小国小学校の校門前には報道の人だかりができ、その中を子どもたちがカメラや視線に怯《おび》えながら登下校する。

一変してしまった小国の風景に、住民の誰ひとりとして普通でいられるわけがない。

椎名敦子は、目の前の光景にただ立ち尽くす。

「こんなに取材のタクシーが張っているほど、有名な場所だったんだ、小国って……」

一体、何が起きているのか。すべてが住民不在で進んでいた。

今回も「事実」を知らされたのは、市からでも国からでもなく新聞報道からだった。6月4日、土曜日の朝に配達された「福島民報」の1面トップに「新たに4地点20ミリシーベルト超」の見出しが躍る。1年間の推計値が20ミリシーベルトを超えるという「地点」に、紛れもなく「小国」という文字があった。

「上小国20・8、下小国19・8……」

えー、何これ……。敦子は絶句するしかなかった。こんなの、私たち、誰も知らない。年間積算線量なんて、誰も教えてくれなかった。

外には朝早くから、タクシーが次々に詰めかける。

「こんなちっちゃな小国に、タクシーばっかり停まっている。なんでこんなにタクシーがいるのか、ああ、本当に気持ちが悪い」

上小国に住む高橋佐枝子も、信じられない思いで、マスコミの大群を眺めていた。敦子と同じように、6月4日の新聞で、自分たちが暮らすこの場所がとんでもなく放射線量が高いことを、「事実」として初めて突きつけられた。

「それまでも、高いらしいというのはあったんだけど、ほんとかどうかなんて、しんにがら（知らないから）。だから次男は自転車で、霊山中学校まで通わせていたの。伊達市の広報誌でも大丈夫だと言ってるし。本人も、みんなと一緒にしたいって言うし」

この日は土曜。月曜から佐枝子は次男の優斗を車で中学校まで送り迎えすることにした。徒歩2分ほどのところに霊山町中心部へ行く路線バスの停留所もあるが、そこまで歩かせることも不安だった。

幸いなことに上の2人の高校生は、福島まで通学する交通手段がないために夫の徹郎が出勤の際、阿武隈急行の保原駅まで送り、帰りは佐枝子が駅まで迎えに行っていた。ゆえに2人に関しては、放射線量が高い場所を歩かせてはいない。

しかし、優斗は無防備といっていい状態で高線量地域を朝夕、自転車で走り抜け、くわえてテニス部に入ったために放課後は毎日、砂埃《すなぼこり》舞う校庭で部活をしていた。

霊山中の空間線量（6月1～7日）は、伊達市の発表によれば1・70～1・90マイクロシーベルト／時。

「最初はそれでも部活は、屋内でやってたんだよ。廊下でボールを打ったり。でも割と早いうちに、外でするようになった」

文科省が校庭使用基準を3・8マイクロシーベルト／時以下としたことにより、4月19日、県教委は「学校の校舎・校庭等の利用判断における暫定的考え方」を発表。これを受けて伊達市では富成小学校、小国小学校、富成幼稚園以外の学校では、屋外活動をしても問題ないとされた。

　優斗が通う霊山中学校でも、校庭での体育や部活が再開された。佐枝子はどうしても心配で何度か、学校に電話をしている。

「校庭を除染したのは8月だから、除染してない校庭で、ずっと部活をやってたんだよ。あの頃、居ても立ってもいられず、しつこく学校に電話をかけた。何度聞いても、校長先生は大丈夫だって。通学はマスクをさせていたけど、部活ではマスクは取るの。邪魔だからって」

　優斗は除染していない校庭だけでなく、ボールが転がれば側溝のある草むらへボール拾いに入っていくのが、常だった。佐枝子は大きく首を振る。

「霊山中の生徒への配慮は、ジャージ登校だけ。ジャージなら洗えるからって。それだけ」

　霊山中は事故直後の2011年3月の春休み期間中も、外で野球などの部活をやらせていたという証言がある。原発事故後、伊達市で際立つのは中高生が守られていないという事実だった。

　佐枝子は子どもたちが心配だからこそ、玄関からエントランスなど、子どもが通る場所はとにかく水で流すようにしていた。これが、のちに特定避難勧奨地点の設定にあたり、仇《あだ》となってしまうのだが……。

「こっちは子どもが心配でしょうがないから、毎日、玄関には水をかけてたの。テレビで言ってることは、全部やってたの。通り道は水で流して、外から帰ってきたら、服を脱がせてビニールに入れてすぐに洗濯する。窓も夏場の暑くなるギリギリまで閉めていたの。冷房もしないで、とにかく外気を入れない生活。暑くなって、どうしようもなくなって開けたんだけど」

噂で、この辺の線量が高いらしいということが聞こえてきたのはいつだったか。隣の飯舘村が全村避難になった頃からか。

佐枝子は唇を噛む。

「はっきり危ないってわかったのは、勧奨地点の話が出て、タクシーがうじゃうじゃいるようになってから。後でわかったんだけど、優斗の通学路はホットスポットだった。すごく高いところを毎日、自転車で通ってたんだよね……」

早瀬道子は新学期がスタートし、特定避難勧奨地点の話が出るまでの期間をこう話す。

「この辺、もう空白」

「なんかもう、生きるのに一生懸命で何も覚えていない」

長男の龍哉は徒歩で、小国小まで通っていた。小学2年生の足で25分ほどの距離だ。

「うちの通学班は、お母さんたちみんな働いていて、交代であっても子どもたちを車で送迎することは難しかった。みんな心配だけど、どうしようもなかった」

いくらマスクをさせても、小学2年生の子だ。暑かったり苦しかったりすれば、すぐに外してしまう。

「すごく心配だった。歩かせていいのだろうかってずっと思いながらいて、ただ家では手洗い、うがいをきっちりさせて、外で遊ばせないなど、家でできることはしていたんです」

5月の連休明け、小国の線量が高いようだと通学班の班長から電話が入る。

「うちの班だけ、車で送り迎えをしていないから、仕事を抜けてでも協力して、子どもの送り迎えをするようにしようっていう班長の申し出があって、そうしようと親たちみんなで協力してやることにしたんです」

もはや、子どもを歩かせることすらできない。このような場所で、事故後も「普通」の生活を営まざるを得ない状況が強いられていた。

子どもを車で送迎するという、この決断は実に正しかった。のちに特定避難勧奨地点が設定された際、道子たちの通学班がある山下行政区は、ほとんどの家が「地点」に指定された。それほど高線量のエリアだったのだ。

5月中旬、道子は待ちに待った線量計を手にした。数時間という枠であっても、ようやく知人から線量計を借りることができたのだ。ここで初めて、自宅内外の放射線量を測定したのだが、その数値を記した「2011年5月」のカレンダーは四つに折りたたまれ、今も資料の中に大切に保管されてある。カレンダーの裏に殴り書きのように記された文字から、道子の逡巡《しゅんじゅん》や驚愕《きょうがく》などさまざまな感情が読み取れる。

「台所0・75　たたみ0・69　玄関0・96　子ども部屋0・38　2階0・56　テラス1・36　下の寝室0・20〜0・17　ぶらんこ1・92　クッキー4・13　駐車場3・81　牧草地4・0〜3・8　玄関前畑2・8〜2・74　ばあちゃん自転車2・3　アイビー5・0〜4・3」

「クッキー」と「アイビー」は、外で飼っていた犬の名前だ。

「家の中でも1近くあって、外は5とか6とか。雨樋《あまどい》の下は6とか7とか。側溝は測定不能。これが現実だった」

道子は確信した。

「犬の背中で、5あるって。こんなところに一刻も子どもを置いておけない」

小国に全国のマスコミが押し寄せたのは、そのあとのことだった。小国にとって「避難」というものが現実味を帯びてきた。

いつだったか、道子はテレビのニュース番組をたまたま見ていた。アナウンサーはこう話していた。

「飯舘村と同じ計画的避難区域にという話を、伊達市が断った」

2　子どもを逃がさない

小国が「避難」を考えなければならないほどの線量があると明らかになる前から、敦子の闘いは始まっていた。

「子どもを守れることは、とにかくすべてやりたい、ただただ、その一心でした。農林水産省に土壌調査をしてほしいと電話をしたり、民主党の玄葉《げんば》（光一郎）さんにメールを書いたり、手当たり次第に動きました。市に『小国の線量を測って、測定値をきちんと出してほしい』というお願いもしました」

とにかく何が何でも、藁《わら》にでもすがりたい思いだった。

伊達市では4月5日発行の「災害対策号」3号以降、市内各地の線量を公表するようにはなった。しかし、敦子は頭《かぶり》を振る。

「市は、集会所の線量しか教えてくれない。あたしたちは集会所に住んでいるわけじゃないんです。家や学校とか、子どもが暮らす身近なところの線量が知りたいのに……」

やがて、飯舘村の全村避難の話が重大ニュースとなって駆け巡る。しかし、すぐ隣の小国は何事もなかったように、「普通」の生活が続くだけ。これは何か、シュールなお芝居なのか？

「新聞で小国小が一番高いって報道されているのに、なんで市も学校も何もしないの？　なんで説明会もないの？　飯舘村が避難になるっていうのに、なんで、小国には何もないの？」

なぜ、小国には救いの手が差し伸べられないのか。そのことだけでも知りたい一心で、地元紙に電話をした。

「あたしたち、新聞の線量を見て、自分たちが置かれている状況を考えているんです。ここだって、飯舘村とそんなに変わらない。なのに、なんで同じ線量なのに飯舘村は避難できて、小国は避難指定にならないのですか？」

応対したのは記者らしき男性だった。

「飯舘村には、本当に高い場所があるんです」

「じゃあ、なんで本当のことを書かないのですか？」

記者は、こともなげに言った。

「だって、ほんとのことを書いたら、怖いでしょ？」

受話器を持つ手が震えた。確かに新聞社はそう言った。天と地がひっくり返るような思い。

「新聞って、ほんとのことを書かないの？　まさか、そんなことがあるなんて……。今まで新聞もテレビも信じていたけど、信じちゃいけないんだ……。世の中、そんなことになってるの？」

4月17日には、県の放射線健康リスク管理アドバイザー、山下俊一《しゅんいち》が伊達市で講演会を開いている。テーマは、「福島原発事故の放射線健康リスクについて」。

「（年間）100ミリシーベルト以下なので大丈夫。50ミリシーベルトを超えても、がんになる確率はほぼゼロ。（毎時）10マイクロシーベルト以下なら子どもの外出もオッケー。遊んでも問題ない」

敦子は周囲で盛んに行われていることの意味がわからない。小国小で行われた子どもと保護者に対しての放射能の学習会もそうだった。女性講師が話すのは、自然放射能のことだ。

「お花にも放射線があってね、飛行機にもあるしね、レントゲンにもあるよって……」

違う、違う……。たまらなくなった敦子は手を挙げた。私たちの本当の思いを聞いてほしい、それがどれだけ切実なのかを。

「私たちは、自然放射線のことを心配しているのではないんです。人工的に作られた放射線が現実に降り注いだ結果、それが子どもにどう影響するのかを聞きたいんです」

敦子の切なる訴えに、女性講師は泣き出した。

「お母さんの気持ちはわかります。でも私たちは、これ以上は言えないんです」

一体、何が起きているの？　なぜ、誰も子どもを守ろうとしないの？

敦子は今、冷静に振り返る。

「どんな説明会も一緒でした。たばことかポテトチップとかに、問題がすり替えられる。そんなのみんな一緒でしょ？　どこに住んだって。私が知りたいのはここに住むにあたって、どうやって子どもを守るかなんです。今、ここで、生きていくしかないのだから」

4月19日、文科省が発表した「校舎・校庭等の利用判断における暫定的考え方」において、屋外活動制限に該当する13校の一つに小国小が入った。

これを受けて、4月22日、保原市民センターにおいて小国小の保護者・職員、同じく該当校となった富成小の保護者・職員、教育委員会担当者を対象に、文科省による説明会が開催された。

国の人間と話せる貴重な機会に、敦子は頭に浮かぶ限り質問をした。聞きたいことは山ほど溜まっていた。

「通学路は大丈夫ですか？　洗濯物を外に干していいのですか？　畑の野菜を食べていいのですか？」

答えは、実にあっさりしたものだった。

「管轄外だからわかりません、次回に持ち帰ります」

こう言われて二度と、答えてもらったことはない。

聞きたい情報は何も聞けず、どこに訴えてもまともに話を聞いてもらえない。この堂々巡りは、敦子を消耗させていく。

ゴールデンウィークに入ってすぐ、伊達市は小国小学校の表土を剝ぐという、表土除去を行った。同時期に、保原町にある富成小学校と富成幼稚園の表土除去工事も行っている。

表土除去の結果、小国小では1センチメートルの高さで6・76マイクロシーベルト／時あった線量が0・79に、富成小では同5・42マイクロシーベルト／時が0・61になったと「災害対策号」8号（2011年5月6日発行）で報告された。除去した表土は校庭の一部に仮置きし、この作業の結果、小国小、富成小、富成幼稚園いずれも、屋外活動ができるようになった。

敦子には順序が逆だとしか思えない。この作業って、子どもたちを守るためにやったことなの？　まずは安全な場所に逃がすことじゃないの？　拭っても拭っても拭いきれない、伊達市への違和感がどんどん大きくなっていく。

「市長はどこよりも先に、小国小をきれいにしてやったって言う。コンクリートも除染したし、いろいろやったのにって。それで何が不満なの？　って。あたし、これ以上、文句言わせないよという雰囲気をすごく感じた」

本来なされるべきことは一刻も早く、汚染のない場所に子どもを移すことなのに。

除染が口封じの策とされてしまうことに耐え切れず、敦子は教育委員長に直接訴えた。

「私たちが求めているのは、校庭をきれいにすることではないんです。表土除去は大事かもしれないけれど、そんなことをしなければならない場所で、子どもたちが生活するのが嫌なんです。全校児童57人の小さな学校です。小国小全員を、違う場所に移してほしい。集団疎開っていうのが、昔はあったのですから」

敦子の切なる願いはまたも空中で瓦解する。

「伊達市の方針が不満なら、伊達市を諦めてほしい。市として、子どもを移動させることは考えていない」

放射能のないところで子どもたちを生活させたいという、親としてだけでなく、人として当たり前の望みに対し、伊達市は聞く耳を持たないどころか、出ていけと言う。なぜ、当たり前のことが通らないのか、動けば動くほど訳がわからないものにぶち当たる。

敦子が願うのはただ一つ。

「マスクなんかしなくてよくて、ソフトボールをやめなくてもよくて、砂遊びもできるような、そういう環境に、子どもを連れて行ってあげたい。それだけなんです」

長男の一希には夢中になっていたソフトボールを、泣く泣く諦めさせた。子どもの望みを断つという、身を切るようなつらさを市長にもわかってほしかった。

子どもを守りたいという、親としての切なる思いはどこにも届かない。

「私、怖かった。わからないものに包まれてすごく不安で。直ちに影響はないとしか言われない。じゃあ、普通に生活していて、何かあった時に、誰か責任をとってくれるの？　私、誰もとってくれないって、わかったんです。そういうのが一番、怖かった」

かけがえのない自分の子どもが、傷つけられることを想像しただけで、到底、尋常な精神でなどいられない。

「万が一、子どもに何かあったら、あたしは大丈夫なのかって考えました。あたし、自分をものすごく責めると思う。平気でなんていられない。あとあとになって後悔したくない、それだけなんです。そのためにできるだけのことをしたい、それしかできないから」

5月末、伊達市は次々に子どもへの対策を発表した。26日発行の「災害対策号」11号で市長が「市内全小中学校、幼稚園、保育園の表土剝離、プールの清掃除染」を発表、30日には市長会見で「教育施設にエアコン設置、子どもの放射線対策10億円を専決決裁」と発表。

市長が「子どものため」と進めていく方策への、敦子の違和感はますます大きくなる。「意見を聞いてくれないだけじゃなく、頼んでもいないことをやる。除染は大事かもしれないけど、順番が違う。まず子どもたちを避難させてから除染して、きれいにしてから子どもを戻してほしい。エアコンを設置した、除染したから文句は言わせないって、すごく卑怯《ひきょう》なやり方だと思いました」

敦子の怒りは真っ当だ。これらの施策は、「子どもを守る」ためではなく、「子どもを伊達市から逃がさない」ためのものだ。

「逃がさない」どころか、伊達市は子どもも放射能と「闘わせる」戦闘員として位置付けた。誰のために？　農業従事者のためだ。

6月16日発行の「災害対策号」14号の市長メッセージのタイトルは、「学校給食用食材における地産地消について」という、目を疑うものだった。

〈農業生産者は、放射能の風評被害により大きな痛手を負いつつあり、そうした中で、安全・安心な農作物を栽培し提供しようと全力を傾けているところです。

そうした中で、伊達市民が福島県の農業生産者の作る作物を信用できないとなれば、他県民が信用できるはずはないのではないでしょうか。風評被害に苦しむ生産者に対する思いも共有していかなければならないと思います。（中略）

子どもたちには、このような社会の仕組みや放射線についての正しい知識などの学習を行い、地元の食品で規制値に合格した新鮮な食材の提供について、さらなる安全確保に努めながら進めてまいります〉

この時期の食品の出荷制限基準は、現在の5倍の500ベクレル／キログラムだ。放射能が降り注いで3ヶ月経つか経たないかで、農家のために「子ども」も放射能と闘えと言っている。

敦子は学校が始まってからずっと、給食と牛乳を止《や》め、できるだけ西日本の食材を使った弁当を作り続けてきた。

自宅でも地元の食材を使ったものは、祖父母世代だけが食べるようになっていた。夫の母に被ばくの不安への理解があったことも大きかった。一つの食卓に並ぶのは二つの炊飯器で炊いたそれぞれのごはんに、2種類の副菜。当時、これは椎名家に限ったことではなく、伊達の多くの家で行っていたことだ。

四方八方、不安だらけの日常にあって、敦子が不安を解消できる唯一の方法が、自分で食材を選んで、子どもに弁当を作ることだった。それだけがもやもやと鬱屈した閉塞感を解消してくれる、たった一つの手段。

もちろん、敦子は知っている。友達と同じ給食を食べられない子どもが卑屈になってしまう気持ちを、そのことの異常さを。これは、長く続けるべきでないことも。

それでもたった一つの、子どもを守るために母としてできることだった。

「本来なら〝地産地消〟っていい言葉だったのに、もう、とても恐ろしい言葉になってしまった。農業が大事なのはわかるけど、私は健康が第一だと思う。健康な子どもがいての、伊達市の未来だと思うから」

四面楚歌《しめんそか》のなか、敦子はずっと念じていた。私は母として子どもに胸を張っていたい。それは夫の亨も同じだった。

「お父さんとお母さんは、あなたたちを守るためにちゃんとやってきたよ」

子どもにそう言えるように、ただひたすらやれることをやっていく。そんな敦子に、こんなレッテルが貼られ始める。

「気にしすぎる親、心配しすぎの親」

３　特定避難勧奨地点

伊達市長、仁志《にし》田昇司《だしょうじ》。中肉中背、短く撫《な》で付けた黒髪、太い眉とぎょろりとした眼《め》が、押し出しの強い印象を発する。

１９４４年８月７日、伊達郡保原町（現・伊達市保原町）生まれ。１９６９年、東京大学工学部精密機械科卒業。

卒業後は日本国有鉄道に入社、そのままＪＲ東日本へ。ＪＲ東日本仙台総合車両所長から、同レンタリース株式会社代表取締役に就任。ＪＲ東日本本社での出世の王道から外れた子会社の社長時代に、保原町長選出馬の声がかかり、2001年に保原町長に当選・就任。

保原町長を2期務め、2006年2月、旧伊達郡の5町が合併してできた伊達市の市長に当選・就任。2014年2月、3期目の当選を果たしたものの、2018年1月の市長選で須田博行《すだひろゆき》に敗れ落選、政界を引退した。現在に至っている。

2011年6月9日、伊達市に国からの来客があった。原子力災害現地対策本部・原子力被災者生活支援チームの佐藤暁《ぎょう》室長が来庁し、直接、国が新たな避難制度である「選択的避難」を検討していることが伝えられた。

安全性の観点から政府として一律に避難を指示するべき状況ではないために、「選択的避難地点」として特定するという。

当面、伊達市と南相馬市に、該当地域があると判断された。

市の意向を打診された仁志田市長は、こう答えている。

「飯舘村のように計画的避難区域ではなく、個別指定で行っていただきたい」

一方、当事者である小国住民に初めて、市による「住民説明会」が開かれたのはこの翌日、6月10日のことだ。

市長はその前に、国に「個別指定でお願いしたい」と市の結論をすでに伝えている。

住民の意向を未だ、一度も聞いてさえいないのに。

椎名敦子が「地域でなく、個別の避難らしい」と知ったのは、ＮＨＫの記者の取材を受けた時だ。敦子は頭を振る。そうではない、当初から求めているのは子ども全員の避難だ。

「私たちはとにかく、小国小学校を学校まるごと疎開させてほしかったんです。全校児童57人の小さな小学校。子どもを全員、助けてほしい、避難させてほしい」

母親たちが声を上げていく中、地域で軋轢《あつれき》も生まれてきた。母親たちの多くは「嫁」という立場だ。義父母から「嫁のくせに騒ぐな」と釘《くぎ》を刺されるばかりか、地元のＪＡ（農業協同組合）からも陰に陽に圧力がかかる。

「騒ぐと、それだけ風評被害が増える」

こんな時だ、初めての住民説明会が開かれたのは。市長自ら出向き、住民に何が起きているのかを説明するという。

場所は、上小国にある小国ふれあいセンター。

しかし、この説明会に敦子たち小国小ＰＴＡの参加が許されることはなかった。参加者を上小国と下小国の区民会長と副会長、行政区長と班長などに限定した、クローズの会として設定されたのだ。行政区長は地域の代表者で、班長も主に年配者が担うのが恒例だ。高齢者だけの集まりで、子育て世代は一切参加が認められないものとなった。

敦子はこの会への参加を熱望した。なんとか、子をもつ母の声を市長に届けたい。制度が決まってしまう前に何としても。

地元の霊山総合支所に訴えたところ、保原町にある本庁でないとわからないという。そこで敦子は友人と一緒に本庁に電話をして正式に、住民説明会への出席の許可を求めた。しかし、市から返ってきたのは無機質な答えだ。

「今回は区長と班長だけの集まりなので、お母さん方の参加は無理です。不満を聞く場は後日、設けるようにしますから」

しかし、そのような場はついに持たれることがなかった。唯一、クローズではなく「下小国・上小国地区の住民の皆さんへ」という、全住民へ開かれた会が持たれたのは、6月28日。モニタリングもとっくに終わり、2日後には避難対象となる「地点」が発表されるという、すべてが決まった後だった。

6月10日、午後7時30分、小国ふれあいセンターにおいて、「東京電力福島第一原発事故に関する伊達市による説明会」が開催された。

住民側出席者は、上小国、下小国行政区長・班長。上小国、下小国区民会長・副会長。仁志田市長は、全員が村を離れることになった飯舘村を引き合いに出し、「ここでの生活を望む人、ここでしか生計を営めない人も多数いる」とした上で、市の「方針」を明示し、こう説明した。

「伊達市としては、国から計画的避難区域の指定の打診があっても断り、皆さんのいろんな事情をお聞きしながら市としてできる限りの事をしていきたい。皆さんの中には国の指定を求めるお考えもあるかもしれませんけれども、市としましては、国と同じようにやっていく考えでありますので、上小国地区に対しては、石田坂ノ上地区と同じく、自主避難の支援（市営住宅への入居、日赤からの家電6点セットなど）をしていくつもりであります」

すでに出ている市の結論を当該住民の代表に向けて明らかにしただけの会だった。

市長の説明を受けて、意見交換が始まる。

住民側のトップバッターとなったのは、上小国区民会長の菅野康男だ。

「やはり、自主的避難のような形でやってもらえば、我々としても安心できる。学校については、校庭の表土を剝いだが、学校の周辺を除染しないと心配です」

市長としては願ったり叶ったりの意見だ。

「そうですよ、やはり全員が強制的避難をしなくてはというのは、いろんな事情を抱えているわけで、本当に困る。それぞれの事情に応じて、計画的避難区域と同じような対応をしていきたい。その意味では、ご賛同いただいてありがたい」

最初からまるで〝シャンシャン〟、お手盛り会の様相を呈する流れだった。

市長は質問に答える形で、「除染」についてとくとくと続ける。

「結果としては、伊達市内全部を除染していくことが必要である。放射能レベルを下げなくては、避難している人たちも戻ってくることができない。セシウムの半減期、放射能が半分になるのは、30年。ほぼゼロになるのは、300年後。伊達市としては、しかるべき専門の先生の助言を受けながら、除染に取り組むことを目指している」

専門の先生とは、のちに原子力規制委員会委員長になる田中俊一で、この時点ですでに伊達市中枢部に入り込んでいた。除染についての詳細はのちに譲るが、市長の除染への鼻息が相当に荒いことが、避難を巡る説明会であってもうかがえる。

説明会はすでに、その役割を終えたも同然だった。これで住民は市の考えを受け入れ、市は住民の同意を得たことになった。

元霊山町議であり、伊達市になってからも市議を務め、地元住民からの信頼が厚い、大波栄之助(当時78歳)はこの流れに非常に驚いた。思わず、大波は声を上げた。

「なんですか?　両区民会長、あんたら2人だけで決めたように聞こえっぺ。ふざけんな」

大波はのちにこう振り返る。

「おら、びっくらこいた。両区民会長、大賛成と言うから。〞シャンシャン〟になりそうで。集まってんのは、年寄りばっかりだがら」

大波は手を挙げた。

「市の意向として、自主避難をさせたいと言っているように聞こえるが、この説明会だけで、住民の了解を得たと、市長は判断するのですか？」

「いや、この会だけで結論を出すと言ったわけではない。今日は、説明会ですから、市の方の考え方と皆さんの考え方を伺っていって、最終的に市としても決定したい」

大波はさらに市長に迫る。

「今日の参加者を見ると、小さい子どもや小中学生を持つ父兄がいないように見えます。子どもを持つ父兄が一番心配している。こういうことを決める場合は、若い方々の意向に十分注意してやっていただけないと困る。ぜひ、アンケートなどの地区の全員の意見を把握した上で、自主避難等をやっていただきたい」

この時、市長は明確にこう答えたのだ。

「アンケートで皆さんの意向を伺う。多数決で決めるのもやぶさかでない」

この会合には早瀬道子の夫、和彦も実は出席していた。山下行政区の班長だった彼は唯一、就学前の子を持つ親の参加者となった。

会合から帰った和彦は、道子に言った。

「アンケートを取ると市長は言ったからな。アンケートで、子どもを持つ親の気持ちもちゃんと聞くと」

高橋佐枝子の夫、徹郎もこの会に潜り込んでいた。

「市長も来ていて、『子どもさんがいる世帯は優先して指定しますから』って言うんで、『おらい（自分の家）は指定される』って、ほっとして帰ってきた。下は中学生だけど、あの時は小学生だったんだから。アンケートもやるって言うし」

しかし、このアンケートはついに一切、行われることはなかった。

翌6月11、12日に電気事業連合会（電事連）が各戸を訪問、避難対象となる地点設定のためのモニタリングが行われた。玄関先と庭先の2地点を、50センチメートルと1メートルの高さで合計5回測定するというものだ。

原子力災害現地対策本部（放射線班）と福島県災害対策本部（原子力班）が6月10日付で作成した「環境放射線モニタリング詳細調査（伊達市）実施要領」には、こんな記載がある。

〈地点を選ぶ際は、くぼみ、建造物の近く、樹木の下や近く、建造物の雨だれの跡・側溝・水たまり、石塀近くの地点での測定は、なるべく避ける〉

避難かそうでないか、住民の運命を左右する根拠となる測定が、「なるべく線量の低い地点を選んで測っている」と住民に言われても仕方のないマニュアルで行われていた。しかも実施主体は、電事連。「そもそも電事連の測定では、泥棒が警察官をやるようなものだ」という声が起きたのも、自然な住民感情だった。

早瀬家の測定値は、庭先50センチで3・4マイクロシーベルト／時。

椎名家では、3マイクロシーベルト／時を超える地点は計測されなかった。小国の中でも比較的低いということは、通学路を測定した時からうっすらと敦子にはわかっていた。

問題は、上小国にある高橋家だ。高橋家と同じ中島行政区にある禅寺、「小国寺《しょうこくじ》」はとりわけ線量が高い場所だと、市で認識しているほどの場所だ。

しかし高橋家の測定では、庭先50センチで2・8マイクロシーベルト／時。佐枝子は言う。

「子どもが通るところは毎日、水を流してきれいにしてたの。それが仇になったんだよね。下が石だから、低くなるの。ちょっと離れれば、4とかになる、そこらへん一帯。そこはなんぼ言っても、測ってもらわんにかった（もらえなかった）」

翌2012年の11月、除染のために高橋家の敷地内の放射線量の測定が行われた際、雨樋の下、地表1センチで102マイクロシーベルト/時、50センチで7・8マイクロシーベルト/時という、信じられない数字が記録されている。長男が使っていた離れの子ども部屋の雨樋の下が、地表1センチで39マイクロシーベルト/時、50センチで4・6マイクロシーベルト/時、1メートルで2・27マイクロシーベルト/時。毎日、子どもが通る場所が、事故から1年8ヶ月経ってもこれほどの高線量を呈していた。

6月16日、枝野官房長官が会見を行い、国は「特定避難勧奨地点」という新しい避難制度を発表した。

「特定」の「避難」を「勧奨」する「地点」。何というネーミングなのだろう。「特定の避難」? 避難については「勧奨」に止《とど》め、そしてその対象となる「地点」とは?

国の説明はなんともまどろっこしい。前提として強調されるのは、汚染は「面的ではない」=「限定的である」ということだ。

「当該地点に居住していても、仕事や用事などで家を離れる時間がある通常の生活形態であれば、年間20ミリシーベルトを超える懸念は少ない」

ゆえに、「計画的避難区域とは異なり、安全性の観点から、政府として区域全体に対して一律に避難を指示したり、産業活動に規制をかけたりする状況ではない」と判断するものの、ただし一方で、「年間20ミリシーベルトを超える可能性も否定はできない」。

そのような「地点」を、特定避難勧奨地点とすることで、「近辺の住民の方々に対する注意喚起や情報の提供、避難の支援や促進を行う」、新たな制度だという。

この新たな避難制度の対象となったのは南相馬市原町《はらまち》区大原、伊達市霊山町石田、伊達市霊山町上小国（下小国含む）の3地点。

それにしてもわかりにくい。「地点」と「近辺の住民」とは、イコールではないのか。その関係はどうなるのか。「地点」にならなくても、地点の近辺の住民であれば、注意喚起や情報提供、避難の支援を受けられるのか？

実際、運用された制度の実態は「地点」の住民と、「地点でない」住民とは、いくら近辺であっても、明確な線引きがなされ、地点でなければ注意喚起や情報提供も蚊帳の外、避難の支援も促進も全く受けられないという、地域共同体の暮らしをめちゃくちゃに破壊するモノだった。

何より、「地点」かそうでないかの、指定の根拠が曖昧だった。「放射線量」で決まるにもかかわらず、そのモニタリングは住民からの信頼を得られる方法で行われたとは言い難い。

では、どんな状況ならば「地点」として特定されるのか。官房長官＝国の説明はこうだ。

〈雨樋の下や側溝など住居のごく一部の箇所の線量が高いからといって指定するのではなく、除染や近づかないなどの対応では対処が容易ではない年間20ミリシーベルトを超える地点を住居単位で特定する〉

では玄関と庭先が3マイクロシーベルト／時以下の数値だった高橋家の場合はどうか。それ以外のほとんどの敷地が3～4マイクロシーベルト／時の線量を有するにもかかわらず、たった2ヶ所の測定だけで「対処が容易」と判断されるということか。家の裏では8～9マイクロシーベルト／時の線量があちこちにあるにもかかわらず。

繰り返すが「地点」かそうでないかを決定する測定が、敷地内のたった2ヶ所なのだ。

その法的根拠も、計画的避難区域が原子力災害対策特別措置法であるのに対し、「一律に避難を求めるほどの危険性はなく」、注意喚起としての支援表明であるので、法律に基づく避難等の指示ではないというのが政府の位置付けだ。なんともすっきりとしない曖昧さを残す。

すなわち避難してもしなくてもよくて、その土地で農業や酪農をしても一向に構わず、ただし「地点」に指定されれば計画的避難区域と同等のものが補償されるという。

この避難の枠組みでとりわけ強調されたのが、「妊婦や子どもがいる家庭の避難」だ。妊婦は明確だが、では、「子ども」とは何歳までを指すのか。

しかし国の関与は、「自治体と相談していく」にとどまる。実際、同じ制度の適用を受けたにもかかわらず、伊達市と南相馬市は全く異なる基準のもと、「地点」設定を進めていくこととなる。

伊達市は「子ども」を「小学生以下」としたが、南相馬市は「18歳以下」とした。このことにより伊達市では、中高生は避難というセーフティネットから振り落とされ、ことごとく高線量地帯に取り残されることとなった。

4　届かぬ思い

椎名敦子の自宅前に、取材の順番待ちがほどなくできた。マイクを向けられた小国小の母親たちはみな、取材者にこう話すからだ。

「椎名さんなら、いつも自宅にある事務所にいるから」

敦子は自分の意思などおかまいなしに、あれよあれよと取材攻勢の渦に巻き込まれていく。

「テレビや新聞の取材の列が家の前にできて、ほんとに馬鹿正直に全部受けていたし、いっぺんにいろんなテレビ局が入ってきて、私、何もわかんないから、話してくださいと言われたら話していた。断っていいというのも知らなかったし。もう、〝若いお母さんイコール椎名さん〟となってしまって」

自分が映っているテレビを一度だけ、見た。

「病気だなって思った。鬱になってたでしょうって、周りからも言われたし。あの頃の私、感極まると泣いてしまう。そんなシーンばかりを流されて。今日は話だけ、撮らないって言ってたのに、すっぴんの、化粧もしてないやつ撮られて。ひどい」

記者からの話で「勧奨地点」の情報が、切れ切れに入ってくる。当事者でありながら知らされる内容は、あまりにお粗末なのだ。

敦子たち小国小学校のPTAは、「とにかく、お母さんたちの声をまとめて、市に訴えよう」と動き出した。そして、6月17日のPTAの役員会で次のことを決めた。

「保護者の意見をまとめないといけないから、保護者会を20日の月曜日に開こう。その結果をもって、市長への要望書を作成して、市長に直接訴える」

6月19日、この日は日曜。椎名夫妻は子どもと愛犬を連れ、宮城県に保養に出かけていた。週末はできる限り、汚染のない場所で子どもたちを犬と一緒に思いっきり遊ばせようと、一家揃って車で出かけるのがいつのまにか家族の習慣になっていた。

帰り道、敦子の携帯に役員の母親から電話が入る。相当、焦っている様子だった。

「私を取材している、NHKの記者が言うの。(勧奨地点が)明日にも決まるらしいって。だから、すぐに集会を開かないとだめだから。あっちゃん、すぐに帰って来て」

「だって、予定は決めてるよ。明日の夜、保護者会をやるって。会場は週末には取れないから、月曜にやるって決めたじゃん」

「だめだよ、そんなの。明日にでも決まるかもしれないんだよ。だから、今日、やんないと。場所はあたしが取るから、とにかく早く帰ってきて」

小国へと急ぐ帰り道、また電話が入る。

「あっちゃん、19時に集会所を取ったから。そこで集会を開くから、急いで来て」

半信半疑で集会所に行った敦子が目にしたものは、敦子を取材していたのとは別のNHKのクルーたち。テレビカメラや地元紙記者が待ちかまえる中、「はい、あっちゃんはここ」と座らされたのは、会見のテーブルの中央席だった。

「あたしは、PTAの会長でも副会長でもない、ただの役員。そもそもお母さんたちの声をまとめてから、市に訴えるというつもりだったのに、もうぐしゃぐしゃ」

この場に市議、菅野喜明も呼ばれていた。喜明にとってもその呼び出しは、唐突すぎるものだった。

ちなみに敦子たち母親にとって菅野喜明という市議は、「私たちの思いをちゃんと聞いて受け止めてくれた、たったひとりの人」だった。喜明は言う。

「椎名さんはかわいそうにいきなり、『あんた、代表やれ』と前面に出されることになった。学校も通さずに、テレビ局とか新聞社を呼んで大々的にやったものだから、学校教育課は『ＰＴＡの決起集会だ』と怒り心頭になった。やり方が下手だったと思う。いきなりマスコミというのは、行政は嫌う。だから教育委員会は最初から聞く耳持たずで、全面対決になってしまった」

それでも当時、ＰＴＡの母たちはそれぞれ分担して手際よく動いていたという。敦子はこう振り返る。

「みんな、よくこんなに動けるなというぐらいだった。緊急、緊急の連続だったのに。市長に要望書を出したいと校長先生に相談したら、住民の一番上の人の声が反映されるというので、下小国と上小国の区民会長さんに連絡を取って、月曜の会議に参加してもらう段取りもした」

子どもを全員、避難させてほしいという点では母親たちは一致したが、敦子の最大の疑問である「ここに住んでいいのかどうか」については、誰も触れない。

「あとは、あっちゃんが思ったように書けばいいよ」と、一方的に任された。

「こわかった。そうやって、いろんな負担が全部、自分にきた。マスコミの取材殺到も何もかも、全部が急展開。好きに書けばって、『それ、みんなの意見じゃないよね』って言われたらどうしようって、すごい不安だった」

23日、両区民会長と一緒に敦子は伊達市役所に出向き、市への要望書を提出した。

「お母さんたちはみんな行けなくて、ＰＴＡはあたしだけだった。喜明さんが怒って、

『椎名さんだけに任せるのはひどすぎる、誰か来ないのか』って言ったので、急遽《きゅうきょ》、誰か、1人来たとは思う」

忙しくて会えないはずだった市長に、この時、なぜか会えた。敦子は思いの丈を訴えた。

しかし、市長から返ってきたのは……。

「梁川はいいよ。梁川がいいんじゃない？」

そういうレベルじゃ、全然ない。

伊達市北部に位置する梁川町一帯は、伊達市の中では線量が低いエリアだ。4月5日に公表された梁川総合支所前の線量は、0・76マイクロシーベルト／時。小国よりは確かに低い。だが、年間1ミリシーベルト以上の追加被ばくをする値だ。放射性物質が降ったことに変わりはない。梁川で砂遊びができ、花を摘んでその蜜を吸ってもいいかといえば、あり得ない。

「子どもを守りたい、子どもに線引きしてほしくない、地点ではなく、地域にしてほしいと、思いの丈を市長にぶつけたんだけど、全然響いていない。全然ダメだなーって、すごい疲れて帰ってきた」

敦子たち小国の母親が訴えたのは、「子どもたちは平等であってほしい」ということだった。だから「地点」ではなく、「地域」にしてほしいと要望したのだ。

「『地点』になると、避難できる子とできない子が出てきてしまう。それは親としてあまりに切ない。『地域』だったら小さい子から高校生まで、避難したいと思った子が避難できる権利を与えてもらえる」

6月28日、小国小学校体育館。特定避難勧奨地点の設定まであと2日となった夜、伊達市は初めて、小国地区全住民を対象にした説明会を開催した。小国の住民たちが詰めかけた体育館は立錐《りっすい》の余地もないほどで、今回はとくに若い母親や父親たちの姿が目立った。

マスクをした若い父親がマイクを持つ。

「地点か地点じゃないかという、線引きをしてほしくないんです。小国地区全体が、すでに汚染されているわけじゃないですか」

今度は若い母親だ。

「もしここに残った場合、どんなリスクを背負うことになるのか、教えてください」

答えたのは、仁志田市長の横に座る、国の原子力災害現地対策本部室長の佐藤暁。

「普通に生活していただける分には、国として制約を設けるものではありません。普通にお暮らしいただいて問題はありません」

普通に？　避難か避難じゃないかの瀬戸際に立たされている小国の住民に、国は「普

「普通」という言葉を投げつける。今の小国のどこに「普通」があるのか。最も遠い言葉ではないか。バカにしてんのか！　瞬時にそう思った住民は1人や2人ではない。

敦子がマイクを持って立ち上がる。意を決したように、一息ついて話し出した。

「地点が設定されて、ああ、こんなに待っても、選ばれた子どもしか助けてもらえないんだって、そうなるのが一番悲しくて……」

会場から拍手が起きる。母親たちが大きくうなずく。それは、偽りのない思いだった。もし自分の子どもが、助けなくてもいい子どもとして分類されてしまったら……、思っただけで涙となる。それは悔し涙か、怒りの涙か。涙を振り払い、敦子は気丈に尋ねた。この制度を自分たちに強いろうとしている国に、最も聞きたいことを。

「地点に漏れても、その子どもたちを守るために、国はちゃんと手当てをしてくれるのでしょうか」

答えは、感情のかけらもない冷酷なものだった。

「放射線被ばくで健康への影響が将来的に確認される場合、因果関係を含めて整理されるべきことですが、この場で言いにくいのですが、最後は司法の場の話になる可能性もあります」

瞬時に会場は凍りつく。「もう、何を言っても通じない」とばかり、諦めなのか憤懣《ふんまん》やるかたない自嘲なのか、呆《あき》れ果てたような苦笑いの連鎖が起きる。

国はこの場で司法を出してくる。不満なら勝手に裁判でも起こせばいい、国は知らないと、つまりはそういうことなのか。この国の本音はそういうことなのか。敦子ははっきりとわかった。

「最後は司法の場でって、それで前向きに生きていけるのか。私たち、好きで浴びたわけじゃない。低線量被ばくがどんな影響を与えるか、誰もわからないと言う。その中で前向きに生きろ、病気になっても誰も責任を取らないって、無理でしょ。リスクは私たちに振って。普通に生きててもがんになるって、バカにしてる。食べ物でがんになるのは自分の責任、でも原発は私の責任じゃない」

これで、終了となるはずだったその時、会場に大きな声が響き渡った。巨軀《きょく》を震わせ、防災服姿の菅野喜明が腹の底から吠《ほ》えた。

「ホットスポットが沢山あるんです！　はっきり言ってここは、計画的避難区域にするべき場所なのではないですか！」

そうだー！　会場から一斉に拍手が起き、人々も吠える。

「なんで、低いところばっかり測ってるんですかー！　いい加減にしろ！」

そうだー！　会場の住民が声を上げ、手を叩《たた》く。これこそ、住民総意の固い思いだった。

会場には、横浜に一時避難していた早瀬道子もいた。道子は母親たちと一緒に大声で叫んでいた。

「子どもも産めない！」

国に激しい口調で抗議した喜明はその後、先輩議員から大目玉を食らったという。

「君にも将来があるんだから、そういうことをしてはいけないよ」

住民の思いや母親たちの切なる願いも虚《むな》しく、6月30日付で特定避難勧奨地点が設定された。

伊達市霊山町上小国の一部　30地点（32世帯）
伊達市霊山町下小国の一部　49地点（54世帯）
伊達市霊山町石田の一部　19地点（21世帯）
伊達市月舘町月舘の一部　6地点（6世帯）

小国地区で指定となったのは79地点、86世帯、310人。それは下小国・上小国合わせて全426世帯、1389人のうちのほんの一部で、多くは小国にそのまま取り残された（11月25日には、霊山町と保原町の13地点［15世帯］を追加指定）。

全校児童57人の小国小学校で、「地点」となり避難の対象となったのは21人。

「子ども」は優先して、避難対象とするのではなかったか。少なくとも、伊達市は「子ども」を小学生以下としていたはずなのに。

小国小学校でも石田小学校でも霊山中学校でも、児童・生徒は2種類に分類されることとなった。敦子は怒りを隠さない。

「57人中、21人。そういうのが成り立っていいのか。絶対にあり得ない。小国小という限られた人数の中で分けられちゃったというのが、本当に人をバカにしてる。ここで生きていく私たちのコミュニケーション、どうしてくれるの？　普通に会うでしょ。参観とかで」

椎名敦子も高橋佐枝子も、指定から漏れた。佐枝子の次男の優斗は少なくとも、事故当時は小学生だったのだ。それが「地点」設定時には中学生になっていたから、対象外だというのだろうか。

2012年秋に、佐枝子の友人で、中高生の子どもを持つ母親たちに話を聞いたことがあった。母親たちはみな、息子や娘たちが半ば、自暴自棄になっていると嘆いた。

高校生の息子がこう言って、母に反抗する。

「うっせーな！　気をつけろとか、放射能のこと、いちいち言うな。俺はどうせ、結婚できねえんだから、じいちゃんの作った野菜を食うぞ！」

中学生の娘はきっぱりと言う。

「だって、私、結婚できないから。もう、どうでもいい」

　菅野喜明が、「文部科学省及び米国ＤＯＥによる航空機モニタリングの結果」を見せてくれた。原発から80キロ圏内のセシウム１３４、１３７の地表面への蓄積量の合計が色分けされたものだ。

　４月29日と５月26日のモニタリング結果には、小国地区にセシウム１３４と１３７の地表面への蓄積が１００万~３００万ベクレル／平方メートルを表わす、「黄色」の飛び地がくっきりとある。これは飯舘村と同じ色だ。

　それが７月２日のものになると、小国から「黄色」の飛び地がなぜか消え失《う》せ、30万~60万ベクレル／平方メートルを表わす薄い青と化している。

「あれ、小国は飯舘村より急に２段階下のレベルになっている。ずいぶん下がったんだと思って測ると、高いんですよ。それがこの年の11月５日の計測結果のものだと、また元の黄色に戻っている」

　７月初めから11月初めまで、この４ヶ月の間に何があったのか。

　６月30日に、小国には特定避難勧奨地点が設定されている。これが、キーとなっているのは間違いない。

　その後、かつて小国村の一部で福島市に編入された大波地区でも、住民たちは小国と同じ汚染状況である以上、小国同様、特定避難勧奨地点の設定を求めたが、ついに認められることはなかった。大波地区に隣接する、福島市渡利《わたり》地区も同様だった。

喜明は、こう見ている。

「問題は、県庁です。小国から県庁まで直線で7キロ、裏道を使えば20分で行ける。ここを計画的避難区域にしてしまうかが、県と国の悩みの種だった。まさに、小国は県庁の喉仏ですよ。小国を計画的避難区域にすれば、渡利地区だって同じぐらいの線量ですから、ここもそうせざるを得ない。こうして避難が福島市に及んだら、何万人もの人間を避難させないといけなくなる。その人たちをどこに避難させるのか。当然、県庁も所在地を動かさざるを得ない」

小国はすなわち、福島市の防波堤だった。

福島市も面的な避難が必要なのだという事態に至らせないために考え出された、それは苦肉の策だった。

5 分断

7月2日、早瀬和彦宛の郵便物が早瀬家に届いた。

「特定避難勧奨地点の設定に係るお知らせ」と題した、伊達市長の名による7月1日付の通知。

「原子力災害現地対策本部長より以下の地点が『特定避難勧奨地点』に設定されたとの通知がありましたので、お知らせします」

災害対策本部原子力被災者生活支援チーム名による「『特定避難勧奨地点』での生活について」という通知も同封されてあった。

この通知が送られてきた世帯だけが、「地点」となったのであり、指定から漏れた世帯には何の通知もない。通知を受け取った瞬間、道子は思った。

「もう、だめだ。こんなところにいられない。1分1秒でもいることが耐えられない」

夫の和彦も同じ気持ちだった。こんな場所に子どもたちを置いておけるわけがない。

横浜にいる兄に「地点」になったことを伝えたところ、まずは実家のある梁川に逃げろとアドバイスがあった。こうして道子たち一家は、通知を受け取った翌日の7月3日に小国を離れる。

2日の夜、避難すること、すなわち、この小国の家を出ることを子どもたちに伝えた。

「放射能がここはものすごく高くて危ないから、引っ越すよ。ばあちゃんだけ、ここに残るから」

長男の龍哉は小学2年生、長女の玲奈は幼稚園の年中、次男は年少。下の2人は訳がわからないとぽかんとしていたが、引っ越すと言った瞬間、龍哉は「いやだー！」と泣き叫んだ。

「なんで、引っ越すの！　せっかく、みんなで暮らせるようになったのに！　ばあちゃん、どうすんの！　犬は！　猫は！　いやだ、いやだ、いやだー！　オレ、転校すんの、絶対にいやだー！」

これほどまでに取り乱してキーキーと声を上げ、大泣きする息子の姿を見るのは、道子には初めてのことだった。その小さな胸に、どれほどの思いを溜め込んできたのだろう。

事故以来、外で遊ぶことを固く禁じられ、学校へ行くのも誰かのお母さんの車に乗るしかなくて、花を摘んでもいけなくて、草の上にゴロンとしてもいけなくて、大好きな猫の背中を撫でるのも、犬の背中の日向《ひなた》のいい匂いを嗅ぐのも絶対にダメだと言われ、お父さんとお母さんは口を開けば放射能の話しかしてなくて、それも自分にはわからない、ベクレルとかシーベルトとかカタカナばかり。2人でコワイ顔をして、ケンカのように言い合って……。

「ごめんね。ごめんね……」

道子は抱きしめることしかできない。

「お父さんとお母さんは、あんたらを守りたいの。一番、大事だから。それには、ここにいてはダメなんだ。ここは、ものすごく高いんだ。避難してくださいとお便りがきたんだよ。だから、どうやっても引っ越すよ」

「オレ、転校だけはいやだ、したくねー。転校だけは絶対にいやだー！」

道子にとって避難とは、県内ならできるだけ線量が低い場所、できれば県外こそがベストだった。だが目の前の長男の必死な訴えにせめて、その切なる願いだけは叶えてあげないといけないと思う。そうじゃないと、この子の心が壊れてしまう。

「わがった。転校はさせねがら。引っ越しても、小国小に通うからね」

夜、引っ越しの荷作りをしながら、道子は涙が流れてくるのを抑えることができなかった。食器を一つひとつ新聞紙に包んで、箱に詰める。家族全員の服だって相当な量だ。

「あたし、なんで、こんなこと、やってんだべ。もう、なんで、こんなこと、しなくちゃいけないの？　何か、あたし、悪いことした？　これって、何かの罰なの？」

悔しくて、あほらしくて、涙が頰を流れ落ちる。でも……と、道子は思うのだ。

「うちは、避難できるんだ。学校のクラスの中で、避難できない子だっている。なんで？　龍哉は避難ができて、あの子はできないの？　こんなに心が苦しいってことある？」

実家には移ったが、ずっとここにいるつもりはなかった。たまたま実家があった場所は、0・2マイクロシーベルト／時と堰本地域でも線量が低かった。しかし、近所には5マイクロものホットスポットもある。

「ほんとは県外に行きたかったんだけど。転校させないとなると、通学のタクシーの支援をしてもらうしかなくて……」

市から言われたのは、タクシーの支援は伊達市内に限るということだった。

「市外に避難するなら、通学のためのタクシー支援はしない。自主避難のような形になると伊達市は言う。ああ、そういうことかって思った。伊達市から、子どもを逃がさないってことなんだって」

小国からは出す（＝避難させる）が、子どもたちはちゃんと伊達市内に置いておく。避難を選択した子どもたちは、市が手配するジャンボタクシーやバスに乗って、日中は小国小までやってくる。一体、何のための避難なのか。「地点」になったところで、転校を望まない限り、子どもたちは日中、高線量の場所で過ごすのだ。

一方、小国に残された子どもたちのために、市は通学用にスクールバスを走らせることにした。子どもが徒歩で学校に通えないという場所に、あらゆる手段と金を使って、伊達市は子どもを縛りつける。

腹をくくるしかなかった。こうなれば、伊達市で最も線量が低い場所を選ぶしかない。

それは梁川だ。そして食べ物に気をつけ、マスクをさせ、外を歩かせず、放射性物質を極力吸い込ませないようにすることだ。

ちなみに、特定避難勧奨地点の優遇措置は以下の通りだ。

市県民税、固定資産税、国民健康保険税、介護保険料、後期高齢者医療保険料、国民年金保険料、電気料金、医療費の全額免除。避難費用、生業補償、家賃補助、通学支援。家財道具、検査費用、日赤から家電6点セット（30万円相当）の支給。義援金、援助物資を受け取る権利もある。

賠償として、東電から精神的慰謝料として家族1人あたり、月10万円。これは避難してもしなくても支給される。

「勧奨地点で地域がバラバラになんかなりたくなかったけど、あっという間になった」

さらりと語る椎名敦子の顔に、苦渋がにじむ。「あれほどがんばったのに、私にはがんばった結果が返ってきていない」と自嘲気味に笑いながら。

椎名家には待てども、市から通知が送られてくることはなかった。夫の亨はこう言った。

「勧奨地点でやっと、ヘリコプターが見えたと思ったら、俺んちの前、素通りして行った」

泣いていてもしょうがない。今こそ、なんとかしないとと、7月に入ってすぐ敦子たちは、学校で署名活動を開始した。

しかし、まとまって動いてきた母親たちの間に、すでに亀裂が生じていた。

「国が決めたことなんだから、覆すことなんてできないよ。やっても無駄だよ」

地点になった母親がこともなげに言う。今こそがんばらなきゃと、必死で動く母親たちの足をそうやって露骨に引っ張る。

「署名を集めるのもイヤだから」

敦子にこう言い放ったのは、宮城県への保養の帰りに、電話で集会所へ来いと呼び出した母親だ。

「その人が悪いわけじゃない。すべては勧奨地点のせい。でも、どうなの？　って思う。子どもを守ろうとその一点で一致していたのに、地点になったらゴールなの？　私たちはそれ、ゴールだと思ってないし」

署名活動は、地点にならなかった母親たちが率先してやっていくしかなくなった。激しい言葉で妨害してくる保護者もいた。

「何の権限で、子どもの班の名簿を使ってんのよ！　勝手に使っていいわけないでしょ！　学校の許可はちゃんと取ったわけ？」

その名簿をもとに、署名をお願いしていただけなのに……。これが、一番つらかったと敦子は振り返る。協力を拒否するだけならともかく、敦子たちの足を引っ張るという構図ができあがってしまったことが……。

「みんなで、この指定はおかしいという意思を示したかった。だけど、あんなに一致していたのに、バラバラになるのは簡単だった」

この頃、敦子たちの必死な思いと裏腹に、仁志田市長は国との面談で、このように語っている。

「住民の不満については、子どもの避難等よりも賠償問題が根底にある印象を受ける」

仁志田市長が国に直言するのはただただ、住民たちのエゴだ。

敦子は疲れ果てていた。テレビに出たのも、他の親たちが皆、お鉢を敦子に回したからであって、決して自分の意思ではない。そうであっても子どもたちを守りたい一心で自分なりにがんばったけれど、残ったのは虚しさだけ。震災前より体重が5キロも落ち、もともと華奢《きゃしゃ》な身体が、やつれるという表現がぴったりなほどになっていた。

夜は会合の連続で、子どもと過ごす時間もない。取材は、一家揃っての夕食時でもおかまいなしにやってくる。それでもここまでやれたのは、義母の理解があったからだ。義母はひとりで家族全員の食事を作り、孫の世話をしてくれた。

そんな義母に、近所はこう言ってきた。

「あんだのどこのお嫁さんは、あんなにテレビに出て、そんなに金が欲しいのがい？」

7月5日、小国地区の住民は住民集会を開催、特定避難勧奨地点は地域のコミュニティを壊すおそれがあるとして、特定避難勧奨地点の指定を、「特定避難勧奨地域」として変更するよう、住民の意向を「要望書」にまとめた。希望する全住民の避難、全世帯の測定結果の公表、除染、早急な健康診断などの具体的要望が掲げられた。

提出先は内閣総理大臣、経済産業大臣、内閣府原発事故担当大臣、文部科学大臣、原子力現地災害対策本部長、福島県知事、福島県議会議長、伊達市長、伊達市議会議長。地区住民の署名を添えて提出されたのだが、小国地区住民約1400名のうち、1144名もの人が名を連ねた。いかに小国地区全体がこの制度に対して不服であり、怒りを持っていたかの証左だった。

7月25日、小国から3台のバスが東京へ向かった。政府と東電に対して、小国の住民たちの意思を示す抗議行動を行うために。住民不在で決まった制度、とりわけそれが説明会を開く時点で決まっていたことが、小国の住民にとっては憤懣やる方ない思いだった。

大波栄之助も高齢の身体を押して出かけた。

「みんな、実費で行った。国会議事堂までデモをかけたんですよ。納得してないから」

筵旗《むしろばた》に赤や黒のペンキで書かれた文字が、住民の怒りを示す。

「東電は、われわれを殺す気か」

「小国のきれいな水・土・空気を返せ！」

後方に「小国の子どもたちを」と、子どもの避難を願う、母親たちの黄色い旗も掲げられた。

その中に、敦子の姿もあった。

「あれよあれよという間に行くことになったんだけど、声を上げても虚しいだけだった。建物に向かって叫んだだけ。東電も国も、ちゃんと会ってすらくれなかった」

ある時、ママ友と一緒に病院へ行った。会計の際、自分は払うが、「地点」である彼女は医療費を払う必要がない。

「ああ、こういうことなんだってわかったんです。こういうこと、これからきっと、いろんな場面でいっぱい出てくる。これからずっと勧奨地点との差を目の当たりにしながら、私、平気でいられるかって思ったら、不安しかなかった。これは、国が勝手に作った制度で感じる差だからと言い聞かせるしかない。でもあたし、ここで生きていくには、仏さまみたいな広い心がないと無理かなって思う」

勧奨地点に意味はない。ただ、汚染されて危険な土地だとわかっただけ。わかったのに、私たちは何もされていない。地点にならないということは、中途半端な飼い殺しだ……。

何が最も悔しいのか。もちろん、すべてだ。なんで？　という思いが敦子には拭えない。

「放射線量が高いとわかった時に、なぜ、誰も助けてくれなかったの？　なんで、私たち弱い人ばかりが状況を受け止めなさいと言われるの？　私たち、ただここにいて、生活していいただけなのに。訳がわからない未来を、なんで背負わなきゃいけないの？　国も東電もリスクを背負わないで、重大な事故が起こったのにきちんと反省もしてなくて。私たちは運悪く、放射能をかぶってしまったねって、それだけなの？」

「『地点』かそうでないか、その決定だけで天と地に分かれる。なるかならないかで、雲泥の差。なってほしかった。やっぱり、子どもを避難させたかった……」

私の同級生である、下小国に住む高橋佐枝子は唇を噛む。夫の徹郎は納得できず、何度か市の放射能対策課に出向いている。

「なんで、うちは（指定に）なんないんですか？」

答えは、一言。

「はあ？　なんで、ですかね？」

徹郎は言う。

「『はあ?』で、ブチ切れた。基準がない。1(マイクロシーベルト/時)でなってる家もあるし。役所は個人情報がどうので教えられないって言う。何、言ってんだ。こっちは当事者だべ」

伊達市ではラチがあかないと、徹郎は県に向かった。県庁で、担当者に問うた。

「なんで、うちは指定になんないのですか?」

担当者は機械のように、同じフレーズを繰り返す。

「私どもでは、わかりません」

不当さを持っていく場所も、事情を聞いてくれる人間もいない。指定か、指定でないか。それだけで天と地ほどに引き裂かれるというのに。必死の訴えに県職員はまともに耳を貸そうともしない。ならば、こう吐き捨てるだけだ。

「ここは、何県だ? 福島県? いんねん(要らない)でねえが、ほだ(そんな)県」

高橋家は田畑に囲まれて建つが、玄関からぐるっと見渡せば視界に入ってくる5軒の家が、地点に指定されている。台所の窓から見える、後方に建つ家2軒もそうだ。今まで何も気にしなかった風景が、全く違うものに変貌した。

田んぼの畦道《あぜみち》の向こうの正面には、市議の菅野喜明の自宅がある。2軒隣は指定となったが、菅野の家も地点から外れた。佐枝子が言う。

「隣は、赤ちゃんがいるからしょうがねべなって思う。そんでも後ろの家は、年寄りしかいねのになってっから。なんで70、80の人間が守られて補償もされて、うちの10代3人は何の補償もないのかってのは、理解できない。年寄りが毎月、補償金をもらって避難もしないで、普通に生活してるのを見るだけで、ひどく苦しかった」

徹郎も時に、はらわたが煮えくり返りそうな思いに駆られた。

「夜、酒飲んでっと、あのU字溝の向こうは補償されてんだって思うと、たまんなぐなる。ギリギリって胃が痛くなるんだ。避難して仮設住宅で大変な思いをしてんなら、気の毒だと思う。違うんだよ。昼間、年寄りが前と変わらず、キュウリ作ってんだがら」

「地点」の特徴はその場所で前と変わらず、産業活動ができることだ。笑い話にもならないが、テレビがこんなシーンを拾った。

「おじいさんは、避難しないのですか？」

「俺は、キュウリを作らないとなんにがら（ならないから）、避難はしません」

人々が避難を「勧奨」された土地で、農作物を作って出荷する。これほどシュールな光景はあるだろうか。佐枝子は怒りを隠さない。

「指定になんなかった時点で、『あんたの子は要らないよ』って、そう言われたのと一緒。あんどき、はっきりとそう思ったがんない（思ったからね）」

母親に、こんな思いをさせていいわけがない。これほどの屈辱と怒りがあるだろうか。

大切に育ててきたわが子に対する、最大の侮辱であり、その人格すら否定するに等しい。

「地点になってたら、ばあちゃんの介護も保障されるし、実家の五十沢《いさざわ》に、堂々と子どもを連れて避難できた」

佐枝子の実家がある五十沢は、梁川町の中で阿武隈川の北岸に広がるエリアだ。背後は宮城県白石市や丸森町という伊達市の北端で、線量も低い。

佐枝子をさらに苦しくさせるのは、指定の基準がはっきりしないことだった。

「3・2というその数字で、決められたかどうかもわからない。うちより低くて、一番下が高校生でも、子どもがいない単身男性でも、指定になってっから。南相馬みたいに、基準がはっきりしていれば、こんなもやもやはないのに」

この南相馬との基準の違いについて、9月の定例会で菅野喜明は質問に立った。

南相馬市の指定基準は「地上1メートルで3・0マイクロシーベルト／時、子ども・妊婦基準は地上50センチで2マイクロシーベルト／時」。そもそも「子ども」は高校生以下だ。対して、伊達市は「地上1メートルで3・2マイクロシーベルト／時、その周辺で子ども・妊婦のいる世帯」。繰り返すが、伊達市では「子ども」は小学生以下とされた。

南相馬市の基準でいくと、高橋家は線量でも「子ども」という条件でも、完全に特定避難勧奨地点の指定に当てはまる。

Q（菅野）同じ状況にあるのに南相馬市と伊達市の子どもの命や健康の価値が違うのはおかしい。市長は国に追加指定の申し入れをするのか。
A（市長）我々市町村と国と県というのは、行政については一体で当たっているので、申し入れとか抗議という関係ではないと思います。

国の制度なのにもかかわらず、住んでいる自治体によって「天と地」の差を強いられる。こんなことが、あっていいのだろうか。しかも子どもの命や健康に関わることだ。

この点について2016年7月8日に、南相馬市の桜井勝延《かつのぶ》市長が取材に応じてくれた。

桜井市長はこう語った。

「特定避難勧奨地点の話が来て、最初の避難指示と同じく3・8とか言ってきた時点で、子どもだったら背が小さいわけだから、50センチで2マイクロあれば、そこは指定すべきじゃないかと、俺は国に提案した。子どもについて、大人と同じ線量っていうのはあり得ないでしょうって。そして、『子ども』というのは当然、18歳以下だろうと」

桜井市長は明確に、「子どもを大人と同じに考えてはいけない」と国に提案している。

対して伊達市はどうか。このことについて2014年1月27日、市民生活部の放射能対策課の責任者である半澤隆宏《はんざわたかひろ》に、南相馬市との基準の違いについて尋ねた。半澤は私の質問に開口一番、こう言った。

「基準の違い？　わかりません、われわれには」

――国に、抗議はしていないのですか？

「言いましたよ、もちろん。なぜ、ダブルスタンダードなんだと」

――南相馬市では、中高生が守られています。

「それは文句を言いました。だって向こうは、後出しじゃんけんなんですから。国に文句も言いましたし、抗議もしました。なんで、南相馬と違うんだ、こっちも同じにしてくれと。国に聞いてくださいよ。それぞれの事情があって、そういうふうになりました」

――国とのこのやりとりは、書面になっているのですか？

「なってないですよ。電話ですから。国の制度で、うちの方で基準は決められなかったのですから。市長ももちろん、知ってますよ」

あくまで伊達市は、基準を決めたのは国だという立場を貫いている。

6　除染先進都市へ

7月4日、大々的に報じられたこのニュースは、今回取材に応じてくれた人々だけでなく、伊達市民の多くが明確に記憶していた。この日、「伊達市」の文字が、地元紙「福島民友」の1面トップに躍り出た。

〈長期間の計画策定方針〉
〈伊達市　全域を除染〉
〈伊達市は、民家や公共施設、道路や山野までを含めた市全域（約265平方キロメートル）の放射線量低減を目標とする除染計画を策定する方針を固めた。（中略）仁志田昇司市長は「何年かかっても除染する必要がある。まずは計画を固め、市民が生活する場所から優先して除染したい」と話している〉

同紙は19面の社会面に、関連記事を載せている。その見出しはこうだ。

〈日常に安心戻して〉
〈伊達市　全域除染へ〉
〈やるならすぐ〉

しかも同日、伊達市民はテレビの画面でも、「自分たちの」ニュース報道に接するのだ。

2011年7月4日、午後5時25分、NHKニュース。

〈福島・伊達市　市内全域で除染作業へ
局地的に放射線量の高い地点があり、一部が「特定避難勧奨地点」に指定されている、福島県伊達市は、住宅地だけでなく、道路や山林も含めた市内全域で、今後、放射性物質を取り除く除染作業を行う方針を決めました。（中略）
伊達市の仁志田昇司市長は「住民が住むところから優先的に行って、最終的には山林も含め除染していきたい。何年かかろうと、市内全域を除染して、安心して暮らせる伊達市を取り戻したい」と話していました〉

父の死の悲しみにくれるばかりの川崎真理の耳にも、この一報は飛び込んできた。真理は確信した。

「伊達市、ちゃんとやってくれるんだ。今は父のこと、残された母のことだけで手一杯でバタバタだけど、伊達市に任せていれば心配ないんだ。広報でもちゃんとお知らせしてくれるし。福島市より、ちゃんとやってくれている。伊達市民でよかった」

「地点」となり梁川で暮らす早瀬道子には、伊達市への不信感がくすぶっていた。数ヶ月間、市から何の注意喚起もなく、高線量に晒《さら》されてきた身だ。大々的な報道にも懐疑的にならざるを得なかった。

「お父さん、伊達市、『山から全部、除染する』ってよ。本当にできんのかね。だけど、この市長の言葉は覚えておかないとね」

高橋佐枝子も、夕食の仕度の手を止め、聞き耳を立てた。

「伊達市は、山の上から全部、除染すんの？　この小国の山も全部がい？　ほだごど(そんなこと)、できんの？」

椎名敦子も道子や佐枝子同様、「市長の英断」を手放しで喜ぶことはできなかった。

「除染をやるのはいいけど、じゃあ、せめて除染期間中は子どもをよその場所に移して、きれいになってから戻してほしい。除染が行われる場所で、子どもたちの学校生活が並行して行われるなんてあり得ない」

しかし、またしても敦子の思いが叶うことはなかった。

のちの原子力規制委員会委員長、田中俊一が正式に伊達市の市政アドバイザーに就任するのは7月1日、市長が公に「全市内除染宣言」をしたのは同4日だが、すでに6月初旬の時点で、伊達市は「徹底的に除染を行う」ことを、放射能対策の主眼と決めていた。それは田中の知見を得たことが大きかった。

ちなみに国が除染の方針とガイドライン策定に向けて動き出したのは、同年8月のことだ。原子力災害対策本部が8月26日に「除染に関する緊急実施基本方針」を発表、同30日に公布された「放射性物質汚染対処特措法」（以下、「特措法」）。全面施行は2012年1月）が、除染についての骨格を成す法制化となった。

除染を巡る国の動きに先立つこと2ヶ月余り、福島の一地方都市でしかない伊達市が全国に向けて高々と「全市除染」を宣言できたのは、田中俊一がバックについてくれたからに他ならない。

田中は1945年1月、福島市生まれ。小学校時代を伊達郡伊達町（現・伊達市伊達町）で過ごしたという、伊達市とはそもそも縁があった人物だ。

中高時代は会津で過ごし、東北大工学部を卒業後、日本原子力研究所（現・日本原子力研究開発機構）に入所、原子炉工学部遮蔽研究室長、東海研究所副所長を歴任、2006年に日本原子力学会会長、内閣府原子力委員会委員長代理を経て、福島第一原発事故

当時はNPO法人「放射線安全フォーラム」副理事長と、一貫して原子力畑を歩んできた。

放射線安全フォーラムは以後、伊達市にとって重要なパートナーとなるのだが、2007年に設立されたこのNPOは、次のような使命を帯びている。

〈広く国民に対して、放射線安全に関する科学技術・知識の研鑽《けんさん》と普及・啓発及び政策提言、指導並びに助言と調査に関する事業を行う〉

「放射線安全」という考えを大前提に、理事長や理事、監事や顧問に放射線影響協会、放射線技術科学科教授、放射線医学総合研究所の研究員などの研究者のほか、株式会社千代田テクノルやアロカ株式会社（現・株式会社日立ヘルスケア・マニュファクチャリング）など、放射線や原子力関係のメーカーも名を連ねる。

とりわけ千代田テクノルは田中のアドバイザー就任後、伊達市への「個人線量計＝ガラスバッジ」の供給を一手に引き受ける企業となる。その業務は「医療、原子力、産業分野全般そして線量計測、線源まで」を謳う。

田中俊一の協力を得た伊達市は6月27日、「東日本大震災放射能健康管理対策プロジェクト・チーム」と「東日本大震災放射能除染対策プロジェクト・チーム」を発足させる。すなわち放射能対策の2本の柱を、「健康管理」と「除染」に据えたのだ。「除染」の責任者となった半澤隆宏は、のちに「除染の神様」「除染のプリンス」といった異名を冠せられ、2016年にはIAEA（国際原子力機関）の本部にも招聘《しょうへい》され、講演を行うようになる。

「健康管理」部門の目玉として、伊達市はまず3歳から中学生まで8000人の子どもたちに、累積線量計を身につけさせることを決めている。

この両輪の対策を打ち立てたことにより、仁志田市長は「災害対策号」16号（2011年6月30日発行）において市民にこう訴える。

〈……放射能に対して防戦一方でしたが、これからは放射能と戦っていく姿勢に転じていくべきだと考えます。具体的には、伊達市の総力を挙げ『除染』に取り組み、放射性物質を取り除いて、一日も早く元の住居に戻れるよう取り組んでいくことであると考えます。

市民の皆さん、放射能に負けないで頑張って行きましょう〉

7月、田中俊一が指導する「伊達市除染対策プロジェクト・チーム」は保原町富成地区にある富成小学校を舞台に、全面除染の実験を行う。株式会社アトックス、日本原子力研究開発機構、放射線安全フォーラムなどの専門家以外に、富成小のPTAを中心とする保護者、コープふくしまの呼びかけで集まった除染ボランティアなど一般人も参加しての大々的なものとなった。富成小ではプールの除染も行い、富成小はこの年、福島県でも数少ない、屋外プールでの授業を行った学校となった。

続いて、特定避難勧奨地点に指定された小国の民家3軒でも除染の実験は行われた。これによりわかったことは、とにかく大量の放射性廃棄物が出ることだ。大量の除去物質をどこに置くのか、どのように置くのか。今後、除染に際し、「仮置き場」という問題がついて回る。

伊達市の「放射能対策」は着々と進む。7月27日より、市内に住む妊婦、0歳から中学生までの8614人を対象に、個人線量計=ガラスバッジが配られ、身につけて生活するという暮らしが始まる。

ただし、ガラスバッジを装着していれば適宜、自分がどれだけの線量を浴びたのか、みずから確認できるものではない。バッジ本体に浴びた線量の数値が出るわけではなく、期間を決めて回収され、結果が通知されるのを待つというシステムだ。

その計測を行うのが、ガラスバッジの製造元である千代田テクノル。もともと放射線業務従事者の線量管理に使われていたものを、市民の被ばく線量測定のために急遽、使うということになったのだが、まだ他自治体ではそのような動きはなく、伊達市が先駆的に行うこととなった。

私が椎名敦子に初めて会ったその翌日、2011年9月4日は、下小国、上小国の全住民にガラスバッジが配られる日だった。敦子はこの日、悲しそうに言った。

「住民のみんながガラスバッジを持って暮らすなんて、異常だと思う。勧奨地点の線引きもはっきりせず、地点になっていない私たちはただ、バッジを配られただけ。バッジだけ渡されて、ここにいろと。せめて子どもを、弱者だけは守ってほしいのに……」

7 「被ばくしています」

この夏、いろいろ不思議なことが起きた。

高橋佐枝子は、はっきりと記憶する。

除草剤を撒《ま》いていないのに、虫が出ない。鳥の数が明らかに減った。植物が異様に成長する。今まで実がならなかったブルーベリーがたわわに実り、キノコの成長も早い。この年の桃は、今まで食べた中で最高に甘かった。

7月30日、保原市民センターで「放射能に対する食料の摂取の仕方」についての講演会が開かれた。講師は、元・放射線医学総合研究所の白石久仁雄《くにお》。

佐枝子は、友人と一緒に聞きに行った。

「すごい人数でお母さんばっかり。茹《ゆ》でこぼす、塩でもむとか、セシウムを落とす調理法を紹介していて、会場からの質問がすごかった。当時は野菜を測る機械もなくて。野菜を食べていいのかどうか、わからなかった時期だから」

この夏、佐枝子はこの調理法を忠実に実践した。高橋家は肉や魚など以外は、ほぼ自給自足の生活をしてきた。米も野菜も果物も、自分のところの田んぼと畑でまかなえるし、春は山菜、秋はキノコと四季折々、自然の恵みとともに暮らしてきた。

佐枝子は本を買ってきて、線量が高いところでどう生活していけばいいのかも勉強した。

「野菜はとにかく、塩水で洗う。塩で洗うと、セシウムが落ちるというから。一茹でする と流れて低くなるっても聞いたから、一生懸命、やったない。いつもの調理の3倍も4倍も、手間と時間をかけて。子どもにはうちで採れた野菜は食わせないようにしてたけど、つまんだりすんだよ。『これは、食べんなよ』って言っても、ちょこらちょこら(時々)食べていた。でも農協でも測ってたし、伊達市は食べて大丈夫だというし、ここまで手をかけてんだがら、大丈夫だべって」

8月の夏休み、次男の優斗が緊急入院した。喉が痛くてごはんも通らない、息が苦しいと訴えるため、福島市内にある急患の指定病院に駆け込んだ。

「もう少し、来るのが遅かったら死んでたよ」

医師はさらっと言った。喉が腫れて、完全に気管が塞がってしまったら、死もあり得たとレントゲンを見ながら、医師は言う。

「でも、もう治ったから。ただレントゲンに映っている、これが何なのか、よくわからないのだけど、でも大丈夫でしょう」

レントゲンに何か、「わからない」ものがあることが気にはなったが、「治った」というそれだけで佐枝子は安心した。

その病院には、優斗とまったく同じ喉が腫れるという症状で入院している高校生がいた。

「その高校生も、外で部活をしていたっていうんだよ。次男もだよ。草ぼうぼうの中、ボール追っかけて取りに行ってたって。除染なんかしてないどごに。学校自体が心配してないがら」

その後、数ヶ月は何事もなく過ぎた。どこか安穏と、もう大丈夫だろうと思っていた佐枝子の意識が一変したのが、11月4日の夕方にかかってきた1本の電話だった。5時だったか6時だったか記憶は定かでないが、夕食の用意をしている最中だった。

南相馬市立総合病院からの電話だった。この時から佐枝子は、眠れぬ夜を過ごすことになる。

霊山中学校ではこの日、20人の生徒をマイクロバスで南相馬市立総合病院へと連れて行き、ＷＢＣ検査を受けさせていた。ＷＢＣ検査とは機械の中に入り、体内にどれだけ放射性物質が残留しているかを調べるものだ。健康管理の一環として伊達市では、線量の高い地域に住む児童・生徒からこの内部被ばくの検査を行うことにしたのだ。

その病院からわざわざ、電話があったのだ。

「中学1年の息子さんですが、数値がちょっと高めなので、親御さんと相談したいんです。一緒に生活をしている親御さんも調べてみたいので、こちらへ一度、来てもらえませんか？」

瞬間、心臓が凍りつく。何、言ってんだ？　高いって、何が？　そのあとはよく覚えていない。確か、「わかりました、お父さんと相談してまた電話をします」とか言って電話を切ったはずだ。佐枝子はすぐに、優斗に聞いた。

「オレとケンくんだけ、何も紙を渡されなかったんだ。他はみんな、結果の紙をもらっていたんだけど」

2人はどちらも、「地点」に指定されなかった子どもだった。

「なんで、なんで……。指定になっている子が何でもなくて、なんで、うちの子がこんなことになんなきゃいけないの？　ケンくんだってそうだ。指定になってないのに」

どこに怒りをぶつければいいんだろう。ただひたすら悔しかった。天を呪いたかった。

佐枝子は徹郎に伝えた後、すぐに伊達市に電話をした。心配で、心ここにあらずの状態だった。伊達市は何も把握していなかった。佐枝子は訴えた。

「さっき、わざわざ電話で南相馬の病院まで来るように言われたんだから、伊達市で車を出してくれますよね」

この夜、胸に秘めていた悔しさが、嗚咽《おえつ》となってこみ上げた。

「危険だから、他の子たちは避難になったんでしょう？　うちは大丈夫だって言われたんだよ。だがら、避難しなくても大丈夫だと残されたのに」

11日、徹郎と佐枝子は、伊達市職員が運転する市の車で南相馬市立総合病院へと向かった。ここに至るまでも、すっきりしないやりとりがあった。徹郎が掛け合っても、車を出すということがなかなか決まらない。霊山町から太平洋沿岸の浜通りにある南相馬市までは、飯舘村の峠を越え、車で1時間半はかかる。

「こっちは被害者なんだ。出すのが、当たり前だべ！」

伊達市は渋々、送迎を承諾した。

診察室で、2人はまず、優斗の検査結果を見せられた。

「セシウム134の測定値　1400（ベクレル）

セシウム137の測定値　1900（ベクレル）

今回の検査の結果、あなたの体内にある放射性物質から、概《おおむ》ね一生の間に受けると思われる線量は、約2ミリシーベルトと推定しました」

優斗の検査結果の紙を示し、医師は言った。

「被ばくしています」

その言葉を聞いた時、どうやって立っていられたか覚えていない。医師は続けた。

「ただし、子どもの場合は下がるのも早いですから、今から食生活に気をつけていれば、これから毎月、検査していきますから、大丈夫ですよ」

心臓がドキドキ鳴り響く。被ばく？　うちの子が？　医師はさらりと続ける。

「毎月検査していれば、もし甲状腺がんになったとしても、早い時期にわかるので、そうすればすぐに手術するなど、適正に対処できますから」

がん、手術？　これがわが子に起きていることなのか。医師はあくまでやさしい。

「お父さんの結果も全く同じですね。一生の推計線量が1ミリシーベルトなのは、年齢の関係です。とにかく、1ヶ月間、食べ物に注意して。そんなに心配しなくていいですよ」

徹郎の検査結果は、こうだ。

「セシウム134　1400ベクレル
セシウム137　2000ベクレル」

すなわち、13歳の優斗の体内には3300ベクレルのセシウムがあり、52歳の徹郎の体内にも3400ベクレルのセシウムがあるということだった。

専門家によれば体重1キロの量で判断する必要があるという。優斗の体重を50キロとして1キロあたり66ベクレル、徹郎を70キロとすれば49ベクレル弱。身体の小さい優斗の方がより深刻な内部被ばく量になる。1キロあたりの数値が10ベクレルを超えると不整脈などの異常が出るケースがあると指摘する専門家もいるが、それだけを見てもこの2人の数値が、いかに高いかがわかるだろう。


「被ばくしています」——、帰りの車中、耳から離れない言葉。佐枝子も徹郎も言葉はなく、ただ打ちひしがれていた。この傷心の両親を家まで送るのが普通だと思うのだが、車は霊山総合支所で停まった。2人に降りろと職員は言う。

「あとは勝手に、自分たちでやってください」

この職員は診察室で、来月は優斗も一緒に来院して再検査を受けるという段取りを聞いていた。その言葉に、職員は「はい、はい」とうなずいていたではないか。

佐枝子は反射的に叫ぶ。

「あまりにも無責任なんじゃないの。こっちは被害者なんだし」

職員は薄ら笑いを浮かべる。

「これは、うちらの仕事じゃないですから。市から検査をやってくれと言われた場合に送り迎えするのが、うちらの仕事。あんたらを病院に連れて行くのは、うちらの仕事じゃないですから。むしろ、感謝してほしいぐらいですよ」

カァーっと怒りがこみ上げる。これが伊達市の、市民への目線なのか。

佐枝子は毎夜、布団の中で泣いた。決して子どもに涙は見せず、布団の中でひたすら自分を責め、泣き続けた。どうやっても、眠ることはできなかった。

「ひどがった。でも、ケンくんちもそうだったがら。これがひとりだったら、どうなっていたがわがんね」

「ひどい」というのは、この土地の言葉で苦しい、悲惨、つらいの最上級の表現だ。「ひどい」という以上に、当時の佐枝子の心境を表わす言葉はきっとない。

「あの日、雪掃きさせたがらか、ガソリンがなくて、チャリで買い物にも行かせたがらか、秋は稲刈りも手伝わせたし、器具の出し入れもさせだ。あそご、高いのに、そごを歩かせたし。あとは、食べ物だべが……」

繰り返し、繰り返し、佐枝子はひたすら自分を責めた。

「こっから下の辺りが線量が高くて、軒並み指定になってっから。そごを毎日、自転車で学校に行ってたせいなのか……」

徹郎も同じだった。

「子どものことが心配で、どごさもそいづを持って行きようがない。ストレスが溜まって、病気になる寸前までいった。いやあ、たまんないです。指定にはならない。挙句の果てに、子どもの検査結果がこんなことになっている。指定になった子がら、再検査は出ていないんだから。なんでよりによって、自分の子どもから……」

　佐枝子は繰り返し言った。

「これだけの値が出てんのに、なんで指定になんねえんだ！　心配はない、安全だから、『地点』になんねかったんだべ。それなのになんで、避難しなくて大丈夫だって言われた子どもがこうなってんだ！」

　病院から戻った夫妻はすぐに会津まで出かけ、子どもが食べる米と野菜を大量に買い込み、子どもの食材はすべて遠方のものに切り替えた。

　憤懣やるかたない徹郎は、福島県庁に出向いた。すると県には、病院から連絡が入っていたという。

「病院から、これだけ高いからと電話が来たと。なんで県には直接来て、そのことが市に行ってないのか。おがしくねか？」

　徹郎の問いに、県庁職員は黙り込む。あまりのだんまりに、激昂《げっこう》した徹郎は大声で叫ぶ。

「おめじゃわがんねがら、知事出せ！　（佐藤）雄平《ゆうへい》、出せ！」

後日改めて、佐枝子も徹郎と一緒に県庁に行った。徹郎だと激昂して終わってしまうのが、目に見えていたからだ。どの担当と話したのか覚えていないが、その時に言われたことを佐枝子は今も忘れない。

「この検査結果に書いてありますよね。息子さんが一生の間に受けると推計される線量が約2ミリシーベルト、お父さんは1ミリシーベルト。100ミリシーベルト以下ですから、大丈夫ですよ」

はあ？　何を言っているの？　100ミリシーベルト以下で問題ないのなら、なんでWBCの検査をする？　なんで、ガラスバッジをつける？　原発の作業員でもない限り、100ミリシーベルトなんてなるわけがない。結局、他人事なんだ。

佐枝子はぐっと感情を抑え、たたみ掛ける。

「じゃあ、なぜ、再検査が必要だって、わざわざ病院は電話をかけてきたんですか？」

「わかりません」

「再検査をする意味がないじゃないですか。あなたは、先生（医師）と、そういう話をしないのですか？」

「しません」

「南相馬の病院から、うちの息子のことで連絡は受けたのですね？」

「受けました」

「じゃあ、うちの息子が10年、15年経って、がんになったらどうするんですか？」

「がんは誰でもなる病気ですから、責任は取れません」

怒りにうち震える徹郎を抑え、佐枝子はできるだけ落ち着こうと努めた。あふれてくる感情そのままの叫びを押し殺し、ずっと胸に溜めていた、最大の問いを発した。

「もし、指定になっていたら？『地点』になっていたら、どうなんですか？」

「『地点』になっている人には、ちゃんと補償します」

福島県はもちろん、伊達市にももはや何一つ期待はしていない。それどころか最も弱っていた時に、あのような言葉を浴びせられた屈辱はどうやっても忘れられない。

徹郎の運転で、優斗と3人で再検査に向かった。

12月16日、再検査の結果、優斗は、

「セシウム134　230ベクレル
セシウム137　検出されず」

「この数値なら、もう、どうってことないですよ」

医師の言葉に、一緒に行ったケンの母親と抱き合って、2人で泣いた。ケンも同じような結果だった。よかった、よかった。本当によかった……。

ただし、徹郎は違っていた。

「セシウム134　2000ベクレル
セシウム137　2200ベクレル」

前回の数値より800ベクレルも跳ね上がったのには、理由があった。裏庭に生えていた野生のなめこを食べたのだ。

「裏に行くたんびにうまそうで、食うがって思った。嫁さんはやめだ方がいいって言うけど、人体実験してみっかって。茹でで、酒のつまみに小鉢で食った。いやあ、うまがったよ。しかし1回食っただけで、跳ね上がる。食い続けたら、なんぼ上がっか、わがんね」

その後、うまそうなしいたけも生えてきたが、佐枝子が測定所に持っていったら、2500ベクレル。徹郎もさすがに、今度ばかりは食べなかった。

その後、佐枝子は自家野菜が採れるたびに毎回、近所の小国ふれあいセンターにある測定所でセシウムがあるかどうか、確認するのが常となった。

徹郎は、笑いながら言う。

「息子の数値が下がんなかったら、ここさ、俺、いながったがもしれないですよ。刑務所あだりに行ってだがも。何、やらかすかわがんね。まずは市役所さ、ダンプあたりで突っ込んで。それぐらいの感じですから。大事な息子が傷つけられて、なんの痛みもわかろうとしないやつらには」

横で、佐枝子がぽつり。

「言うほどでねえがら」

「地点」となり、実家のある梁川に避難した早瀬夫妻は、何度も話し合った。どこに避難するか。道子は県外という考えを捨てきれず、一家で保養を兼ねて山形に出向き、物件探しをしたこともあった。しかし、ここだという場所、物件に出会えない。一方、夫の和彦はこう考えていた。

「俺は長男だし、小国に母親を残しているし、会社の社長でもあるし従業員もいる。だから、やっぱり遠くには行けない。それに、離れれば小国の情報も入ってこなくなる。今は何もやってくれない伊達市だが、そのうち、何かやってくれるかもしれないし」

夏休みは兄のいる横浜に母子で滞在し、不動産屋を回ったり、横浜市役所や神奈川県庁まで行き、避難者として住宅を借上げしたいと申請したが、手続きのためには何度も役所に通う必要があると聞き、断念した。

県外避難の線はどうしても捨てきれなかったが、夫の仕事を考えれば母子避難しかない。

「家族をバラバラにして避難するのか、家族まとまって線量を浴びるのか、どっちがいいか、本当に究極の選択だった」

母子避難はしなかった。一家で伊達に残ることを決めた最も大きな要因は、子どもの状態だった。とくに長男の龍哉が、精神的に不安定になっていた。ずっと、ふらふらと立ってるの。

「ただいまーと帰ってきても、ふわふわと落ち着かない。ずっと、ふらふらと立ってるの。『座ればー』と声をかけても、心ここにあらず、どうしていいかわからないようだった」

そのうちに排泄《はいせつ》に失敗するなど、精神状態の不安定さが、さまざまな形で目に見えるものとなっていった。

「小国小にみんな、毎日やってくるけれど、もう、子どもたちもみんなバラバラ。大の仲良しの子は愛知県に避難しちゃうし。子どもが感じている不安が隠しきれなくなっていた」

道子の元に知り合いから、梁川駅近くにマンションを建築中だと話が入る。その3階の部屋に入るのはどうかと言う。

「内覧できるようになって、線量を測ってみたら、0・0いくらだった。じゃあ、ここならと、そのマンションを借上げた」

このマンションが、早瀬家の「避難先」と決まった。いくらでも走り回れる広い家に住んでいた子どもたちにとって、2LDKのマンションは窮屈な空間だった。ドタンバタンすると下の階の迷惑になるというのも知らなかった。

そうであってもようやく、一家に「住居」ができたことにより、タクシーの通学支援も始まり、幼稚園バスは特別措置として梁川まで迎えに来てくれるようになった。

梁川に越してから、道子はインターネットを始めた。あれだけの高線量のなかで暮らしてきた子どもたちだ。どれだけ初期被ばくをしているかわからない。伊達市だけを頼みにしていても、ガラスバッジは配布になったが、いつ検査が始まるかわからない。民間の検査機関のことも含め、とにかく情報が欲しかった。

そこで出会ったのが、「福島老朽原発を考える会（フクロウの会）」の青木一政《かずまさ》だった。化学・フィルムメーカーに計測制御系技術者として勤務するかたわら、フクロウの会のメンバーとして放射能汚染や事故の心配がなく、放射性廃棄物を生み出さない社会を目指して、首都圏で25年近く活動を続けてきた。3・11以降、人々の被ばくが少しでも抑えられるよう放射能測定プロジェクトを立ち上げて活動を行っているが、その一つとしてフランスの放射能測定機関との連携を得て、福島の子どもの尿検査を行う態勢を整えた。

青木は言う。

「フランスのＡＣＲＯ（アクロ）という測定機関が、無償で子どもたちの尿を測定してくれることになり、２０１１年の5月、まず10人の福島市内の子どもの尿をフランスに送った。まさか、10人全員の尿から放射性セシウムが検出されるとは、全く予想していませんでした。だけど、これで日常生活における呼気や飲食物から、内部被ばくをするということがわかったのです」

フクロウの会の尿検査を知った道子は青木と連絡を取り、1人だけという枠のため「女の子だから」と、長女の玲奈の尿を検査に送った。

2ヶ月後に受け取ったその結果は、頭をハンマーで殴りつけられるに等しいものだった。

「セシウム134　0・51ベクレル／リットル
セシウム137　0・59ベクレル／リットル」

これだけのセシウムが、長女の尿から検出された。道子はすぐさま青木に電話をして、この数値が意味するものの説明を受けた。この時から道子にとって青木は、常に相談できる大きな支えとなっていく。

この夜、子どもを寝かせて自分の布団に入った道子はひとり、隠れて泣いた。

「あの子のおしっこから、こんなに出てるんだ。これが出たってことは、この何十倍ものセシウムが身体の中に入っているんだ……」

涙があふれて止まらない。愛《いと》おしいわが子の身体が、たった今も放射性物質の攻撃に晒されている。今も身体の中は、被ばくし続けている。そう思っただけで胸がかきむしられる。

「青木さんは出ないのがおかしいぐらいだって言う。きっと長男にも次男にも、セシウムは入っている。でもこれから入れないようにしたら、おしっこでどんどん出て行くって、青木さんは教えてくれた。そうだ、セシウムを入れないことだ。親として、私に何ができるかわからない。でも、やれることはなんだってやっていく。それしかない」

涙に暮れながら、道子は固く決意した。

8　除染先進都市の内実

10月、伊達市は「伊達市除染基本計画」（第1版）を発表、除染についての基本方針、実施計画など除染の骨子を打ち出した。

国が「特措法基本方針」を閣議決定したのは11月11日、これにより環境省を中心とした実施態勢が確立し、12月には「除染関係ガイドライン」「廃棄物関係ガイドライン」が策定された。

伊達市はこのような国の動きに先んじて、除染を本格的に進める実施計画を策定した。

今にして思えば、当初から伊達市の除染には確信犯的に、ある目論見が仕込まれていたことがわかる。

除染の「基本方針」に、こう謳ってあるのだ。

〈除染は、放射線量の高い地域から優先的に行なう必要があるが、放射線量については、ICRP（国際放射線防護委員会）により『合理的に達成可能な限り被ばくを低減する。（ALARAの原則）』ことが提唱されており……〉

この「合理的に達成可能な限り」という考えこそ、曲者《くせもの》なのだ。

前出のフクロウの会の青木は言う。

「合理的という言葉には注意が必要です。ICRPの評価は科学的・医学的評価ではない。経済的・社会的評価なのです」

最初から伊達市の除染は、市民の健康のために行われるものではなく、経済的要因や社会的要因を優先させるものとして提唱されたのだ。

青木は言う。

「これ以上、お金をかけても、それに見合う健康リスクが低減されないならば、それ以上はお金をかけない。あるいはがんやその他の病気が出ても、原発による電力というメリットがあるので、我慢してもらいましょうということです」

まだ、2011年11月の時点で、これなのだ。高橋佐枝子の次男が「被ばくしています」と診断された時期に、原発のメリットのために健康被害は「我慢してもらう」除染が想定されたとは、なんという恐ろしさなのかと思う。

もちろん、絵を描いたのはすべて、田中俊一だろう。田中が所属する放射線安全フォーラムは、ICRPの考えのもとにある。

ただし、まだこの時期には「伊達市全域を除染する」と謳っている。

〈空間線量が1マイクロシーベルト/時以下の地域であっても、子どもたちのことを考慮すれば、被ばく線量はできるだけ下げることが必要であり、こうした比較的線量の低い地域であっても、できるだけ放射線量を低減するよう除染していく〉

これはどこから、変節していくのか。

ともあれ、市内を放射線量により区分けして、除染を行う方針が当初から打ち出されたわけだ。それが後のAエリア、Bエリア、Cエリアへとつながっていくのだが、この段階では「優先順位」という呼称で区分けが行われた。もちろん、「第一順位」は特定避難勧奨地点が設定された、高線量地域だ。

この「順位」が翌年には、「エリア」という区分けにされ、変容していく。

9　闘わないと生きていけない

車を運転している時、椎名敦子は強烈な思いに襲われる。

「ああ、こんなにきれいな景色なのに、放射能だらけなんだ。あの山も、この川も。私、何に向かって生きていけばいいんだろう。何を目標にがんばっていけばいいのだろう。幸せな未来が、何も見えない」

この地で生活するということは、常に何かに向かって闘っていることだった。弁当を作り、車で送り続け、「外に出ないで」と子どもたちに言い続け……。

夏休み、小国の子どもたちは愛知県のボランティアグループの呼びかけで、愛知へ保養キャンプに出かけた。全校児童57人中、20人以上の参加となったが、もちろん、敦子の2人の子どもも加わった。

「子どもがここにいないというのが、すごくうれしかった。だって、被ばくすることがないんだもの。事故後初めて、心が安らいだ」

夫の亨と一緒に、子どもの様子を見に愛知へ行った。街並みを歩いて「あんな家、いいね」と話した時、自分にも夢があったことを思い出した。あんな家に住んで、自分の好きな雑貨をいろいろ飾って……。そんなほんのささやかな喜びを、ずっと忘れていたことにはっと気づく。

今は安心できる居場所が見つからない。2学期が始まれば、また闘いの日々だ。あそこにいる以上、気を緩めてはいけないから。

しかも2学期から校長が変わり、少しずつ、子どもを外に出すようになっていった。「『通常』に戻したいという意向を感じるようになりました。体育の授業も外でやるようになったし。うちはやらせなかったけど。だって通学はバスで、授業は外って、おかしくないですか？　こういう矛盾が苦しかった」

学校や市内で行われる講演は、安全一辺倒だ。

「安全なお話はいっぱいしてくれるけど、万が一という危険な話は一切しない。両方が提示されて『判断しろ』ならわかるけど、情報や資料が与えられないまま、『大丈夫、安全だから』って。そして誰も責任を取らないっていうのが、どうしても納得できなかった。何かあっても、『あなた、自己責任で住んでいたんでしょう』って言われることが」

この地で生きることが、どんどん苦しくなっていく。敦子はずっと、背中を押してくれる人を探していた。

愛知の保養ボランティアの責任者に会う機会があった時、思い切って敦子は聞いた。

「小国に住んでいて大丈夫でしょうか」

意を決して、初めて発した問いだった。返ってきたのは明快な、逡巡のない答え。

「私だったら、孫や子どもがいたら住まないですね」

やっぱり、そうだ、ここは住んじゃいけないんだ。ようやく、目が開かれた思いだった。子ども部屋の線量は0・6はある。これは、放射線管理区域で寝起きさせていることと同じなのだ。やっぱり「普通」じゃない。こんなこと、続けていてはよくないんだ。

しかし、敦子にとっても亨にとっても、避難を決意させた大きなきっかけは、娘の莉央の涙にあった。

この日、敦子はあるママ友の家に莉央を連れて行き、しばらく立ち話をしていた。ストレスが溜まっていたのか、ママ友との話に夢中になって目を離した隙に、莉央は仲良しのその家の子と外で遊んだ。そこは、「地点」に指定された家だった。

よほど楽しかったのか、家に帰った莉央は亨にこの日の出来事を話した。

「パパ、あのね、あたし、お外で、まりちゃんといっぱい遊んだんだよ」

え？　外遊びをしたのか？　おい、何、やってんだよ。亨は敦子を呼びつけた。

「ちょっと待てよ。おまえは子どものことでいろいろやってんだろ。なんで、子どもから目を離して、そういうこと、やってんだよ！　言ってることと、やってることが違うだろ！」

敦子にだって、言い分はあった。

「でもさあ、ここで生きていくってそういうことなんじゃないの？　『あなたの家は、線量高いから遊ばせられない』って、そんなこと、言える？　そんなこと言われたら、もう、やってけないよ！」

なんでこんなに怒りの炎が自分の心に灯《とも》ったのかはわからない。いつの間にか敦子は泣き叫んでいた。それが亨の怒りに油を注ぐ。

「おまえ、うちで気をつけても、外でそういうことしてるなら、何のためにやってんだよ！」

今までやってきたことまで、この人は否定するの？　私、これまで、どれだけ必死にやってきたか。

「だって、外でちょっとぐらい、もう、しょうがないんじゃない！　そういうことなんだよ、小国で暮らすってことは。もう、やってられないよ」

ヒートアップする2人を押しとどめたのは、小学3年の莉央だ。わんわんと声を上げて泣いていた。

「パパ、ママ、あたし、もう、お外で遊ばないからー！　パパとママ、けんかしないでー！」

莉央はえんえんと泣きじゃくる。ヒックヒックと喉を震わせ、「けんか、しないで」

と訴える。2人は、はっと我に返る。

「ああ、その時はもう、たまらなかったです。私が悪いんですよ、感情を抑えられなかったんだから。でも娘は自分を責めて、自分のせいでパパとママがけんかしたって。あの時、もう、この暮らしは無理かなって思いました」

亨も同じ思いだった。

「娘がめちゃくちゃ泣いちゃって。親がけんかする姿はすごくつらかったみたいです。これは、もう……って思いました。放射能と折り合いをつける生活が、うちでは見つからなかったということです」

10　使われる、ガラスバッジデータ

12月12日、政府主催の「第7回低線量被ばくのリスク管理に関するワーキンググループ」が行われ、この場に田中俊一とともに仁志田市長が招かれた。

伊達市はすでに国から、「除染先進都市」のお墨付きをもらっている。

この場で、田中俊一は「年間積算線量1ミリシーベルト」への疑義をほのめかしている。その根拠として自身の理論に加え、伊達市の子ども全員につけさせた個人線量計＝ガラスバッジを挙げる。

ガラスバッジのデータは、被ばく基準引き下げのために使うという意図が透けて見える。田中はこう進言する。繰り返すが、これは2011年12月時点でのことだ。

「個人の被ばく線量ですが、空間線量だけで個人の被ばく線量を語れる時期はそろそろ過ぎてきているというふうに思います。伊達市の場合は、（中略）約8000人の子どもたちに個人被ばく線量計を付けて測定しています。（中略）実際に、国の計算式で計算した空間線量から見ると、少なくとも、2分の1から3分の1程度に実際の被ばく線量は下がっています」

空間線量ではなく、個人線量で管理という方針を田中は政府に提言する。これまで地上1メートル、50センチなどの地点の放射線量＝空間線量を被ばくの目安としていたが、田中は個人個人が装着するガラスバッジの数値だけで事足りるというのだ。

ちなみに、伊達市民にとって、ガラスバッジなるものはどのようなものだったのか。個人を被ばくから守ってくれる心強いものだったのかと言えば、その対極だったと言っていい。

3ヶ月ごとにガラスバッジは回収され、千代田テクノルが解析したデータが郵送で各家庭に届けられるのだが、そのデータによって、市民は何を得るのだろう。

保原町に住む、用水路を網でガサガサして魚を獲《と》るのが大好きな川崎家の長女、詩織

（小4）のデータを見せてもらった。

1枚の紙に、書かれてあるのはこれだけだ。

「集計開始2011年9月1日、集計終了11月30日、算定日12月7日。

実効線量　使用期間　0・2（ミリシーベルト）

四半期計　0・2（ミリシーベルト）

年度計　0・3（ミリシーベルト）」

母親の真理は言う。

「こんな表をもらっても、訳がわからない」

それはそうだろう。これで、何がわかるというのか。

まるで伊達市の子どもたちは、実験台だ。しかものちに千代田テクノルも認めるのだが、この個人線量計は放射線業務に就く人間のためのものであって、子どもが使用することは一切、想定されていない。このようなモノをつけさせて測定し、そのデータで除染の基準、ひいては避難の目安となる線量の基準まで変えようとする。

田中は政府のワーキンググループで、伊達市の子どもたちのデータを基に、除染基準にまで踏み込んでいく。

「（除染の目標は）当面、5ミリシーベルトぐらいを目指したらどうか。時間あたりの空間線量は1～1・3マイクロシーベルト、それぐらいに」
「20ミリシーベルトというのは、そう高いレベルではない」
「20ミリシーベルト被ばくしても、それを補うためには生活習慣を変えればいい」

一方、ワーキンググループで仁志田市長が強調したのは、過剰に心配する親の問題だった。

「少子化と晩婚化による問題がある。過剰な愛情といいますか。ある懇談会で、（中略）50近い女性の方が、この子は私の40過ぎてから生まれたたったひとりの子どもだ、この子に何かあったら大変だ、こんな放射能のところに置いていいのか、こういうふうに私に言う。大丈夫です、この程度は大丈夫ですと言いたかったのですけれど、言ってもしようがないというか、理解されない。（中略）もともとモンスターペアレントというのがいまして、一部ですけれども、これが教師から行政へ向かっているというふうに私は考えております」

子どもの被ばくを心配して市長に訴える親が、「モンスター」にされている。市長はさらに親への攻撃を続ける。

「福島県産（食材）を給食に使うなと。これは風評被害と、福島県人としては全く矛盾する話で、私はとんでもないと。（中略）結局、私としても不本意ながら、弁当持参を教育委員会と相談して認めるという決定をせざるを得なかった」

仁志田市長がこのような考えでいる以上、子どもを被ばくから守りたい、できることはなんでもやっていきたいという母たちの思いは壁にぶち当たる。ささやか、かつ切なる思いが「モンスターペアレント」の典型であるかのように矮小化され、否定されてしまう。誰も受け止めてくれない場所で生きることは、息をする場所さえないほどに苦しい。

椎名敦子たち母親の思いが、「愛情が大きすぎる」とみなされる。

敦子のような母親たちは次第に追い詰められていく。過剰な心配、親の不安定さが子どもに影響を与える……。それは行政当局ばかりではない。母親の間にも分断を生む。

事故の翌年、2度目に会った中学校のＰＴＡ会長をしている女性はこう語った。彼女は5人の子の母であり、事故の年は、伊達市が小学校の卒業式を強行したことを批判し、何も広報されずに、中高生の子どもたちを放射線量が高い時期に外で水汲みや、買い物の列に並ばせたことを悔いていた。しかし……。

「伊達市はクーラーも早くつけてくれたし、除染も早いし、他の市町村からうらやましがられるの。放射能を気にしているお母さんの子どもは、みんな不安定になっている。気にしすぎのお母さんの方が、今は問題」

同じ母親たちが、こうして分断されていく。

11 訣別

2011年の冬も、愛知の学生ボランティアグループが小国の子どもたちのために、保養キャンプを企画してくれた。行き先は、岐阜県中津川《なかつがわ》。学生たちは「お父さん、お母さんもリフレッシュさせたい」と親の参加も呼びかけてくれた。

久しぶりに親子で、放射能の心配がない場所で思いっきり遊んだ数日だった。

学生たちはキャンプの最後に、一つのイベントを企画した。それは子どもたちに「10年後の自分に、手紙を書こう」という、ほのぼのとしたイベントだった。

だが、「ほのぼの」とした企画意図は一変した。ほとんどの子どもたちは、同じことを書いていた。

「10年後にまだ、放射能はありますか?」

「小国は、きれいになっていますか?」

親にとって、これほどのショックはない。

自分たちが子どもの頃は、10年後の自分は「花屋さんになっていますか？」とか、「新幹線の運転手になっていますか？」とか、そう無邪気に書いていたはずだ。だけど、小国の子どもたちが夢見るものは、なんと悲しいものだろう。

子どもの心にこんな気持ちが宿っていたなんて……。あまりにつらくて切なくて、敦子は咄嗟《とっさ》に小学6年の長男、一希の手紙を探した。

そこに書いてあったことは……。

「10年後に、ぼくは生きていますか？」

決定打だった。ああ、私たちが今までがんばってきたことって、子どもたちに夢を膨らませない活動だったんだ。子どものためにと、好きなソフトボールをやめさせ、外で遊ばせないようにして、家の中に押し込め、遊びといったら家の中でできるゲームに漫画。あたし、自分だけ塞ぎこんでいると思っていたけど、子どももそうだったんだ……。

この思いが的中していたことを、ほどなく敦子は一希自身のメッセージから知る。

『3／11キッズフォトジャーナル　岩手、宮城、福島の小中学生33人が撮影した「希望」』という、1冊の本がある。東日本大震災の被災地の子ども33人がカメラを抱え、思い思いの被写体を写し、文章を寄せたもので、一希もそのメンバーの1人になった。

一希が切り取った1枚。それは家の中の風景だった。洗濯物が所狭しと海藻のように垂れ下がる部屋。漫画やゲームソフト、コンビニの袋などが散乱するなか、寝転んでテレビゲームをやっている友達を写したワンショット。写真にはこんな一文が添えられている。

「家のなかでしか遊べなくなってしまった」

敦子は絶句した。

「ああ、この世界が、あの子たちのすべてだった。そうだったんだって。こういう状況に追い込まれた自分の今を、自分で撮って記事にした。あれが、あの時の私たちのすべてだった」

「ぼくたちがいま世界中の人に伝えたいこと」と題して、一希はメッセージを寄せていた。

「それは、大量の放射能がぼくたちの大好きな霊山町にもふりそそいだことです。

あの日以来、ぼくたちの生活は変わりました。外に出るときは、どんなに暑くてもマスクをして、ぼうしをかぶり、長そで、長ズボンを着なくてはいけませんでした。

本当は震災の前のように、外で思いっきりソフトボールをしたいし、自転車に乗って友達と遊びたいです。おばあちゃんの畑も放射能でよごされてしまい、大人はその畑の野菜を食べているけど、ぼくたちは内部被曝がこわくて食べないようにしました。

どうしたら、ぼくの住む町から、放射能をなくせるのか教えてほしいです。ぼくの大好きな元の霊山にもどってほしいです」

キャンプのあと、夫の亨が中津川に合流し、敦子の弟一家が避難している鳥取まで一家4人、車で出かけた。鳥取砂丘を子どもたちは裸足《はだし》で駆け上がり、車は窓を開けて走らせることができる。

夫婦2人はこんな話をした。

「これが、普通なんだね。原発事故が新聞の見出しに毎日出るような生活は、子どもにはさせたくないね」

2人は決めた。自主避難だと。

愛知のボランティアグループに「避難したい」と相談したところ、すぐに動いてくれ、アパートの目星もつけてくれた。

翌2012年1月末、4人で部屋を下見に行った。子どもたちは「避難なんて、絶対にいやだ！」と言い張ったが、2月初めに「このまま進めてください」と正式にお願いをした。引っ越し先は愛知県大府《おおぶ》市、いい場所だと2人は思った。子どもはいくら泣こうが駄々をこねようが、引っ張ってくると決めていた。

3月、一希の卒業式の翌日に、敦子と子どもたちは愛知県に引っ越した。

亨は言う。

「俺らが40から41になるのはあまり変わらないけれど、子どもが8歳から9歳になるのはものすごく違う。すごく大きい。その1年を、鳥かごのような中で過ごさせてしまった。じゃあ、2年もそういう生活をさせるのか。学校に徒歩で行かせない、外でスポーツをさせない、給食を食べさせない、外に出る時はマスク、これを来年も続けるのか。無理だ。普通じゃない。子どものためにもよくない」

夫婦が、1年かかってたどりついた結論だった。何度もけんかをしたし、言い合いにもなった。でも2人で向き合い、諦めず、とことん突き詰めて話し合った、その結果だった。敦子はこう振り返る。

「いろんなリスクを背負わされて、子どもの未来も守ってもらえず、結局、親ががんばるしかないんだなーというのが、この1年で私が得た結論でした。残っている人が正しいのか、離れた方が正しいのか誰もわからない。でも自分が決めて動いたことは間違っていないと言い聞かせて、避難した。親が未来を見出《みいだ》せないなら、子どもも見出せないから」

自主避難ゆえ、赤十字の家電セット以外の支援は家賃の補助と、亨が妻子に会いに来る際の高速道路の無料化のみ。それでも2人が得た、あの場所に子どもを置いていないという安心感は、何ものにも代え難い。

亭には忘れられないシーンがある。引っ越し先に赤十字からの支援の洗濯機が来た日のこと。敦子は早速、新しい洗濯機で洗濯をした。
「うちの奥さん、『外に干せる!』って言ったんですよ。外に干せるのがうれしいって。外に干した洗濯物はごわごわで、肌触りは悪い。でも、それが気持ちよかった。奥さんが喜んでいるのが、喜びでした。なんのことはない、洗濯を干すという、普通のことなのに」

2012年3月29日発行、「災害対策号」54号において、伊達市教育委員会教育長、湯田健一はこんなメッセージを寄せた。

〈福島県内の多くの教育関係者が、『伊達市は放射線の課題によく取り組んでいる、一生懸命の取り組みを見習いたい』と話してくれています。私も全国で最も頑張っている伊達市と自負しています。子どもたちも大きく成長しているはずです。放射能を正しく理解し、放射能を怖がらず、伊達市を支援してくれている人たちの恩に報いるためにも、この24年度、伊達市の皆で放射線に立ち向かっていきたいものです〉

第2部　不信

1　除染元年

２０１２年４月、仁志田昇司市長は、今から「除染元年」がスタートすると高らかに宣言した。周辺自治体に一歩先んじて着手した除染だったが、仮置き場設置が難航したこともあり、11年度の民家除染はわずか40戸にとどまった。だからこそ、ここから一気に除染を加速していくという、市当局の揺るがぬ決意の表れでもあった。

しかしこの後、唐突に、除染に「区分け」という概念を導入することを市長は告げるのだ。市民の前にぽんと投げ出された、「Ａ・Ｂ・Ｃエリア」。これが後に、非常に残酷な区分けになってしまうとは、この時、誰が思ったことだろう。

しかし、市長＝市当局はこの時点で巧みに、市内区域全域を「同じようには」除染しないことを、市民の理解も同意もなしに、決定事項としているのだ。

すなわち、特定避難勧奨地点のあるＡエリアは「大手ゼネコンによる面的除染」、比較的線量の高いＢエリアは「地元業者による地区別除染」、線量の低いＣエリアは「地元業者と市民による住宅のミニホットスポットを中心とする除染」と、「災害対策号」

55号（2012年4月12日発行）で、市民に一方的に告げるのだ。

市民にしてみれば、除染の「じょ」の字もよくわかっていない段階で、「面的除染」や「ミニホットスポット除染」などと言われたところで、チンプンカンプンなわけで、単に市内には地域によって線量の違いがあって、線量の高いところから順番に除染するのだろうというのが、大方の理解だった。

まさか、この段階ですでにCエリアにおいては生活圏に降った放射性物質をそのままにしていく方針が決まっていたとは、誰が思ったことだろう。しかも、被害者である市民に除染の役割を担わせることも、抜け目なく盛り込まれていたわけだ。

今なら、伊達市民は何度も苦汁を飲まされ、苦渋の思いでとくとわかっている。「面的除染」とは、住宅の敷地内＝生活圏をすべて除染するということだ。本来の除染とはこのようなものでなかったのか。一方、「ミニホットスポット除染」とは、「スポット」に限定した部分的な除染を指す。しかも、なぜかご丁寧に「ミニ」まで付く。

それにしても、まだ、原発事故からわずか1年だ。このときは、多くの市民は気づかなかったが、空間線量も高いこの段階で、生活圏を除染しないことを方針として決めていたことになる。この方針は、もちろん当時の市政アドバイザーの田中俊一のもとで決まったことであったはずだ。田中の意図するところの恐ろしさを、改めて思わずにはいられない。

ちなみに国の除染ガイドラインには、このような考えは入っていない。国は除染の長期目標を、個人の年間追加被ばく線量1ミリシーベルトと規定。1時間に換算すると毎時0・23マイクロシーベルトを除染基準として、除染を行うというものだ。

ちなみに伊達市は、市町村が除染を進める「除染実施区域」に含まれているが、そもそも国は除染を「スポット」に限定するという考えは持っていない。


多くの市民が理解していた「除染」とは、降り注いだ放射性物質を取り除くということだった。事故前と同じに戻るとは思っていないが、まさか、降ったものをそのままにしておくエリアを想定しているとは、夢にも思わなかった。

市民の脳裏に、強烈に残っているものがある。それは、「山から全部除染する」という市長の言葉だ。前年に出された「伊達市除染基本計画」(第1版)で第一順位、第二順位とされていたわけだから、ABCは除染の順番だと思っていた。


それは、本書の主人公である母親たちにしても、同じ思いだった。Cエリアとなった保原町に住む、川崎真理も振り返る。

「やっぱり線量が高い方から除染するもんだし、ABCの順で除染していくんだなって思いました。となると、この辺は最後になるんだな、順番を待つしかないんだなって。でも、それもしょうがないと」

しかし、伊達市はこの時点で決めていたのだ。Cエリアは、ホットスポットという局所の除染に限定するということを。Cエリアという市内の7割ほどを占める地域を、面的除染はせず、手付かずのまま残しても何も問題はないのだと。

Cエリア住民の苦しみは、ここが「始まり」だったのだ。

このような重要な決定が、どのようにして行われたのか。おそらく、内部の会議が持たれたはずだが、それらを示す記録は市議会で追及されたにもかかわらず、一切ないと市当局は答えた。当時、月2回程度開催されていた「災害対策本部会議」においても、市長がただその事実を報告したのみだ。

「除染元年」の宣言通り、2012年度は、伊達市が最も多くの除染を行った年だ。翌2013年が、それに続く。

除染の実態を知るのに格好の資料がある。それが、2011年12月に創設された「除染対策事業交付金」の流れだ。これは国から県、県から除染実施主体である市町村へと、除染のために交付されるというお金だ。

福島県と伊達市から、この除染交付金に関する資料一式を情報公開請求で得た。20

11年から最新（単行本執筆当時）の2016年度まで、開示された年度ごとのファイルの厚みだけで、除染の実施状況が如実にわかる。伊達市の場合、2012年、2013年が除染最盛期で、あとは下火になっていくという流れが一目瞭然だった。

除染交付金の交付の流れは後に詳述するが、伊達市は2012年4月1日、Aエリア除染交付金を県に申請した。総額約168億円。

こうして除染という一大事業が、「除染元年」の新年度幕開けと同時にダイナミックに展開されていくのだ。

2 「蜂の巣状」

川崎真理が1枚の紙を見せてくれた。家の間取り図に数字が書き込まれたものだ。その数字こそ、家内外の放射線量だった。真理が自宅の放射線量を測定したのは、2011年秋のことだった。

「とくに、子どもが通る場所は把握しておかないとと思って、（線量計を）市役所で貸してくれるというのを聞き、すぐに借りに行って測りました。1階の方が、2階より下がるんです。1階の居間が0・34、2階の床が0・4、2階の天井近くのカーテンレール上に置くと0・86。一番低かったのは玄関、だからあそこで生活するのが一番いいんです。うちはみんなで、一番線量の高いところで寝ていたんです」

川崎家は屋根も外壁も、直線的な造りの家だ。周囲は田んぼで、遮るものが何もなく360度視界が開けている。大きく窓が切られているのも特徴で、それゆえ、窓の近くは線量が高い。屋根に傾斜がないため、放射性物質の逃げ場がなく、ゆえに2階の天井付近が最も線量が高くなったのだ。

ただ、この時点で、真理に危機感はほとんどない。市長のメッセージを信じていた。

「あまり伊達市に疑問を持つこともなく、ガラスバッジも他に先駆けてやってくれたし、ちゃんとやってくれてるんだって」

無防備に行政を信じていた真理に変化が起きるのは、2012年3月30日付の、福島県と福島県立医科大学連名の通知が届いてからだ。それは長男と長女の名前が記された、「甲状腺検査の結果についてのお知らせ」だった。

〈(A2)小さな結節(しこり)や嚢胞(液体が入っている袋のようなもの)がありますが、二次検査の必要はありません〉

長男の健太も長女の詩織も、どちらも「A2」の判定だった。しかし、たったこれだけの文言で、何をどう理解すればいいのだろう。

福島県は、２０１１年３月11日時点で、概ね18歳以下の全県民を対象に、２０１１年10月から甲状腺エコー検査を実施した。検査１回目は「先行検査」と呼ばれ、２０１４年３月までに行われ、続いて検査２回目の「本格検査」に移行する。これは、２０１４年４月から２０１６年３月までの期間に行われるものだ。その後は、20歳を超えるまでは２年ごと、25歳、30歳の５歳ごとに実施され、長期にわたり見守るという方針が出されている。

なぜ、こうした検査が行われるかといえば、チェルノブイリ原発事故後、小児の甲状腺がんが爆発的に増えたからだ。

検査結果はＡ判定、Ｂ判定、Ｃ判定に分かれ、Ａ判定は「Ａ１」という結節や嚢胞を認めなかったものと、「Ａ２」という５・０ミリ以下の結節や20・０ミリ以下の嚢胞を認めたものに分かれる。Ｂ判定は、５・１ミリ以上の結節や20・１ミリ以上の嚢胞を認めたもの。Ｃ判定は甲状腺の状態から判断して、直ちに二次検査を要するものとなる。

伊達市は「先行検査」の対象区域で、川崎家の子どもたちは２０１２年１月26日に、自分が通う小学校で、甲状腺エコー検査を受けたのだ。

「私、この頃ってあまり考えてなくて、この通知を見て、大丈夫なのかなって思ってた。二次検査の必要がないって、書いてあるし。だって、〝あの〟県立医大で検査してくれてるんだし」

真理が「あの」と言うように、福島県民にとって県立医大は揺るがぬ信頼を誇る最高の医療機関だった（過去形で記したのは、原発事故以来、信頼は落ちる一方だからだ）。

しかし、真理の近所に住むママ友の反応は全く違っていた。Ａ２の結果を受け、心配で県立医大に電話をしたという。

ママ友はやりとりの一部始終を教えてくれた。医師かどうかも不明な男性は、電話口でこう言い切った。

「嚢胞が数個あって、一番大きいもので３・８ミリ。心配ないですよ。嚢胞は水みたいなのが入っているだけですから」

ママ友は食い下がった。

「私は、心配です。再検査をしないのですか？　通常の健康診断なら、異常が出れば、すぐに再検査をするものですよね」

「大丈夫ですから、再検査はしません」

「じゃあ、自費で再検査をさせたいので、医療機関を紹介してください」

「それは、できません」

「では、どうしたらいいのですか？」

「かかりつけのお医者さんに相談してみてください」

「わかりました。では、娘のデータを渡してください」

「それはできません」

これ以上は、平行線でラチがあかないので電話を切ったという。

なんだろ、これ。なんか、もやもやする。真理に一抹の不安が宿った。

不安が確信に変わったのは、別の母親からの情報だった。その母親はまず、真理にこう聞いてきた。

「言いたくなければ無理に教えてくれなくてもいいんだけど、甲状腺、どうだった？何て来た？」

「うちは2人ともA2だけど、二次検査の必要はないって書いてあったし」

真理はあの頃の自分を思い出すと、笑ってしまう。

「まだ、〃エー・ツー〃なんて言ってないんですよ。〃エー・に〃って、言ってたんですから」

何気ない会話のはずだった。しかし、真理に行政への疑念が生まれたのはいつかといえば、この時になる。その母親は教えてくれた。

「でも、別の病院で診てもらったら、A1だった子がA2だったんだって」

頭を棍棒《こんぼう》か何かで、殴られたような気がした。

「えー！　何にもない子が、実はあったの？　ほんとに、あったの？　なら、うちは2

人ともA2だから、もしかしてBなの？」

　あれ、なんだろう、なんだろう。このもぞもぞする、おかしな思いは。今まで大丈夫だって信じていたのに。その聡明な母親は、真理にこうアドバイスをしてくれた。

「地元のクリニックで診てもらえるんだから、行った方がいいよ。ただし、甲状腺外来は月曜しかやってないからね」

　早速、子どもたちが振替休日になる月曜に予約を入れようと電話をしたところ、思いもかけない返事が戻ってきた。

「すみません。今はちょっと、診れないんですよ。県からストップがかかっているんです。県が検査をやっているのに、他の医療機関でもやると、医療費が二重に使われることになるって。私たちも今、県からの指示待ちなんです。その指示が出るまで、待っていてください」

　他の人たちは、ここで検査をしたと聞いている。今までは検査をしてもらえたのに、どうしてできないの？　一体、何が起きているのか。できないって、どういうこと？　なぜ、門前払いにされるの？　真理が強烈な違和感を抱いたのも、あまりにも当然のことだった。

　検査を勧めてくれた母親に事情を話したところ、また真理が知らないことを教えてくれた。

「医大に電話すると、（嚢胞の）数は教えられないけど、大きさだけは教えてもらえるんだって。だから、電話してみなよ」

真理は医大のコールセンターへ電話をした。6月26日のことだった。

「医師のような人が2人のデータを見て、電話をかけてきた。だけど専門用語でなんたらかんたら言ってきて、あたし、あああーって訳わかんない。今なら知識が入っているから違う対応ができたと思うけど、この時点では何も知らないから」

真理は必死でメモをした。切れ切れのメモにこんな言葉が並ぶ。

「複数ある」「最大の数値は言える」「最大で3・8ミリ、娘」「2・5ミリ、息子」

たたみ掛けるような口調に、真理は必死で食い下がる。

「ああ、そうなんですね。しこりじゃないんですね。大丈夫なんですね？」

男性はさらりと言う。

「大丈夫ですよー。二次検査の必要はありません。Bじゃないですから」

「これって、がんになるのではないですか？」

「いやー、医学的に見て、福島の事故はチェルノブイリより被害が少ないですから。原発の影響はないですよ。心配ないですよ」

結局、手にした通知と同じ。いいようにあしらわれた、真理が得た印象はそれだけだ。

不安を抱いたのは、真理ばかりではない。先行検査の結果を手にした母親たちの問い合わせが、医大に殺到した。あんな通知1枚で、納得しろということ自体、無理な話だ。Ａ１ならまだいい。Ａ２ということは、わが子の甲状腺に何かがあるということなのだ。

母親たちの抗議を受ける形で7月30日付で、「甲状腺検査　Ａ２判定結果に対する追加説明のお知らせについて」という通知が発送された。

〈前回の結果通知

小さな結節（しこり）や嚢胞（液体が入っている袋のようなもの）がありますが、二次検査の必要はありません。

今回の追加説明

（Ａ２）②20・0ミリ以下の嚢胞（液体の入っている袋のようなもの）を認めましたが、二次検査の必要はありません〉

これで一体、何がわかるのか。こんな木で鼻をくったような説明で母親たちが安堵《あんど》できるわけがない。通知を持つ真理の手が震えていた。

「なんだ、これ。若干、詳しくなっただけ。ああ、はっきりわかった。もう信用できない。私は今まで何を根拠に、市や医大なら大丈夫だと思っていたのか」

次の検査は２０１３年だと、最初の通知には書いてあった。しこりや嚢胞があるとされながら、「大丈夫だ」と、2年も放置される。これで安心しろというのは、無理な話だ。わが子の甲状腺には「何か」が起きているのだ。

真理にとってここが明確な転換点だった。このまま市や県の言うことを聞いているだけではダメなんだ。それでは子どもは守れない。親が動くしかないのだ。

医療機関に対する県の結論が、ようやく出た。A1は再検査不可能、A2のみ再検査が可能、これが医大から各医療機関への通達だった。

川崎家の子どもは2人ともA2だったため、真理は地元のクリニックに駆け込んだ。県の検査と同じ甲状腺エコーと、県では行われない血液検査が行われた。7月末のことだった。

「この結果が、私にとっては本当に衝撃でした。ここから娘への心配がずっと続くことになりました」

健太は二つの嚢胞が、片方の甲状腺だけにあった。この結果は安堵できるものだった。しかし、詩織は決定的に違っていた。

「お兄ちゃんは、嚢胞がぽんぽんと離れて二つだけ。だけど娘は無数に、ばあーっとあったんです」

エコーを操作する医師の口から、言葉が漏れた。

「いやあ、やけにあるなあー。いっぱいあるねー。こういうの、蜂の巣状って言うんだよ。これもあれも、嚢胞だねー」

横で画像を見ながら、真理は息を呑《の》む。

「ああ、こんなにある。あああー、複数どころじゃないじゃないかー！　そもそも甲状腺の嚢胞ってどういうものか、あんな紙1枚じゃ、想像もつかないよー。こうやって直《じか》に見ないと何もわからない」

詩織は冷たいジェルを喉に塗られ、機械を動かされ、じっと天井を見上げている。詩織も医師の言葉を聞いていた。この時、小学5年生。自分に何が起きているか、わからないはずはない。真理も呆然《ぼうぜん》と、画面を見続ける。

「医大の電話で複数あるって言ったけど、複数どころじゃないだろう。こんなに、あるじゃないか。あの電話ではせいぜい嚢胞があっても、二つか三つかって思ってた。この画像データ、電話口の人は見てたわけでしょ。それでよくも、『大丈夫ですよ』ってあっけらかんと言えたものだ」

結局、子どものことなんかどうでもいいと思っている。真理の心に怒りがこみ上げる。

医師は淡々と操作を続ける。

「でも、大丈夫だよ。こういう人も、よくいるんだよ」

ところが、翌週に血液検査の結果を知らされ、真理は絶望の淵《ふち》に追い落とされる。

問題となったのは、「サイログロブリン」の値だった。基準値範囲は0・0～30・0。

それが詩織は166・1。

サイログロブリン、聞いたこともない名だ。「甲状腺ホルモンの前駆物質」で、「甲状腺疾患において有用な検査の一つ」、さらには「甲状腺分化がんで高値を示すため、腫瘍マーカーとしての役割を果たす」とも言われるもの。

医師の言葉が、どこか遠くから聞こえてくる。これが果たして現実なのか、わが子に起きていることなのか。真理には何もわからない。どくんどくんと動悸《どうき》が激しくなっていく。

検査結果を見た医師にとっても、この数値は予想を超えるものだった。

「なんだ、この数字は！　いやー、高いね。高すぎる。子どもでこんなにあるのか」

真理の動悸は激しさを増す。「高すぎ」って、どういうこと？　高すぎる、高すぎる……、ぐるぐると同じ言葉が駆け巡る。

「大人で、甲状腺の病気の人はもっと高い数値になるんだけれど、だけど、子どもにしてはありすぎだな」

医師の前に座る詩織がどんな表情でその言葉を聞いているのか、真理には確かめることはできなかった。しかし、詩織は自分に重大なことが起きていることをわかっている。わかっているだけに忍びなかった。あまりにもかわいそうで、かがんで、その顔を見つめることができない。娘の肩に置く両手に力が入る。

医師は冷静に説明を続ける。

「嚢胞がしこりになるわけではないんですよ。嚢胞と嚢胞が押されて、その隙間がしこりになる。しこりは腫瘍だけど、悪性か良性かはまた別の問題。お嬢さんの場合、見た限りではしこりではないし。ただし嚢胞があるほどリスクがあるので、毎月1回、経過を観察することにしましょう。血液検査は冬休みとか、大きい休みの時だけでいいから」

医師は、目の前に座る女の子にこう言った。

「とにかく、海藻を食べるようにしようね。昆布じゃなくて、海苔とかワカメとかだよ」

その日から、長女はものすごい勢いで海藻を食べだした。味付け海苔をばりばりかじり、今まで避けていた味噌汁《みそしる》のワカメも、恐るべき量を次々と口に入れる。

「私はもう、娘がものすごい量の海藻を食べるのを見るのが、本当につらかった。治したい一心で、必死で食べているのがわかるから。その姿がかわいそうで、たまらなかった。娘の前で涙は見せなかったけど、見ているだけで胸がつぶれそう」

ひとりになると、真理は自分を責めた。

「あの時、娘は外で遊んでた。私は仕事と父のことばっかりで、ちゃんと見ていなかった。3月に外に出て芝生を植えたのも、用水路でガサガサやるのも、きつく止めなかった……」

詩織は兄と対照的で、家の中で遊ぶより、外に飛び出していくのが好きな子だった。事故当時は、小学3年生。だめだって言っても用水路から網で魚を獲ってくる。家の周りにある田んぼの用水路を網でガサガサすれば、フナもザリガニもタニシも面白いほど獲れる。

「『用水路は線量高いから、行ってはだめだよ』って注意しても、本人は止められない。仕事から帰ってくると、家の前に戦利品の入ったバケツが、どーんと置いてある。ああ、また行ったんだって思いながら、魚を水槽に入れる自分はなんだろうって。魚も、絶対にベクれてる（セシウムが何ベクレルか入っている）のに」

川崎家を訪ねた時、居間には大きな水槽があり、丸々と成長した魚たちが元気に泳いでいた。真理は水槽を見ながらこう話す。

「これって、原発事故がなければ悪いことじゃないですよね。『この魚、戻してきなさい』って、子どもを怒ることじゃない。そういうふうに言わなければいけないのがおかしい、自由に遊ばせたいって、私は思ってしまう。だから私はちゃんとしてるようで、ちゃんとしてない親なんです。やるべきことをやっていなかった。徹底的にきつく、禁止すべきだった。結局、私のせいで、娘がこんなことになったんです」

川崎真理が、娘を思えば身も心も引きちぎられんばかりの頃、伊達市は他の市町村と一線を画す独自の事業に着手した。それが個人線量計＝ガラスバッジを、全市民（約5万3000人）に配布するというものだった。

2012年7月、間違いなく全世界で初めての壮大な実験が幕を開けようとしていた。すべての市民を対象に1年間、個人線量計のデータを得るという、チェルノブイリ事故の時でさえ行われていない人体実験を、市民の健康管理という名目のもと、伊達市は行うことにした。

個人線量計を提供するのは、市政アドバイザー、田中俊一が副理事を務める、放射線安全フォーラムのメンバー、千代田テクノル。

伊達市は赤ちゃんからお年寄りまで市民全員をターゲットにした、前代未聞の人体実験場となったのだ。

3　小国からの反撃

いつしか夜も更けてくると、上小国に住む市議、菅野喜明の家にこんな電話がかかってくるようになった。受話器を取るなり、決まって怒声だ。

「おまえは地点だから、動かないんだろう。働かないなら、殺してやる」

「おまえ、たんまり、金もらってんだろう。とんでもない野郎だ」

「おまえ、地点だろう。議員のくせに。これから殴り込みに行くぞ！　亡き者にしてやる」

こういう殺害予告のような電話はいっぱいきたと、喜明は力なく笑う。

喜明は相手を刺激しないように、なだめることしかできない。

「うちは地点じゃないですよ。誤解ですから、殺さないでください」

「地点じゃないですから。おじいちゃんもいい年なので、家に来るのだけはやめてください」

声で、誰かはすぐにわかる。普段は穏やかな人なのに、酔いにまかせて、ぐでんぐでんになって電話をかけてくる。それほどまでに、小国の住民には鬱憤が溜まっていた。

殺害予告のような電話を受けていながら、それは当然だと喜明は言う。

「エリアとしての指定じゃないわけですから、隣近所で殴り合いをするのと一緒ですよ。殴り込みに行くと言ってきた人だって、目の前が勧奨地点ですから、そうなりますよ」

ちょうどその頃だ。喜明をわざわざ訪ねてきた小国の人間がこう言った。

「あんた、このままではダメだろう。このままではシャレにならないことになる」

「地点」の設定で、あっという間に小国のコミュニティは崩壊した。今、なんとかしないと修復は不可能だ、議員である喜明こそ、動くべきだと突きつけられたのだ。

市長は能天気に広報などで、「『地点』がなくなれば、コミュニティは元に戻る」などと書いているが、そんな甘いものでは決してない。それほど住民の間に刻まれた溝は深い。

33歳で初当選した、1年生議員。「普通の議員生活は、9ヶ月しかできなかった」と喜明は頭をかいて苦笑する。原発事故が起き、地元・小国は激動の渦に巻き込まれていく。生まれは上小国。県立福島高校から早稲田大学へ進学。専攻は文化人類学で、インドネシアへの留学経験もある。

大学卒業後は1年弱、インドネシアの海洋民族の村に住み、研究を続けた。夜、月明かりの下、浜辺でエイを突いていたと言うが、朴訥《ぼくとつ》な人柄とどっしりとした身体で、そのまま海洋民族のコミュニティに溶け込んでいただろうと容易に想像がつく。やさしくかつ真摯な眼差《まなざ》しの持ち主ゆえだろうか。

一通りの研究を終え、帰国後は国会議員になった大学の先輩から声をかけられ、議員秘書をすることになった。国の政治と関わるようになって1年、地元から市議選に出ないかと声がかかる。引退する親戚議員の後継者にという話だった。当時、母が末期がんだったということもあり、喜明は故郷に戻る決心をする。２０１０年1月、19歳で故郷を離れてから14年、33歳での帰還だった。

2ヶ月後に母が亡くなり、翌月に選挙。掲げたスローガンは、「人が増える伊達市をつくろう」。見事、初当選を果たし、伊達市議会唯一の30代の議員が誕生した。

特定避難勧奨地点が設定されたことで、何百年と培ってきた小国というコミュニティがあっけなく瓦解したのは、当然のことでもあった。

「地点」になれば、じいちゃん、ばあちゃん、孫が2人いる6人家族だったら毎月、60万円の慰謝料が東電から支払われる。しかも、避難しなくてもいいのだから、いつも通りの暮らしを平然と送っていられる。目と鼻の先に住んでいながら、「地点」の家には毎月、60万円が入り、「地点」でない家にはビタ一文入らない。

自分の畑には税金がかかっているのに、「地点」となった隣の畑は税金が免除だ。とても並んで農作業などできたものではない。このどうしようもない不平等感を、どこに吐き出せばいいのか。「地点」が設定された後の小国で暮らすということは、日々このように胸がかきむしられるような思いに遭遇することだった。普段は理性で押さえ込んでいても、酔いが回れば、地元議員に電話をかけて凄《すご》みたくなるのも当然だった。

いろいろな「もやもや」が、住民の間に充満する。

「測りに来る前から、(地点に)なる人とならない人は決まってたんだ。その証拠に、両区民会長も小国小のPTA会長も勧奨地点を進めた人たちはみな、なってっぺ」

「おらん家《ち》より、低くて指定になってっぺ」

市長が初めて小国に来て開いた説明会で、「子どもをもつ親の意向を聞くように」と迫った、元市議の大波栄之助は、変わりゆく故郷を歯ぎしりする思いで眺めていた。

「小学生たちがかわいそうだった。避難になった子は、避難先からバスで送り迎え。避難になんなかった子たちも、そのバスに乗っけて守ってくんないかいって。その格差たるや……。結局、スクールバスを出すようになったが、なんで市が、子どもにそこまで格差つけねとなんねえんだ」

大波は、議会に傍聴に行った時も、同じ思いに駆られた。

「地産地消で、地元の農家の作物を給食に出すってよ。理由は農家がかわいそう。子どもの健康より、農家なんだよ。子どもはもっとかわいそうじゃないか」

この事態を何とかしないといけないという気運が、小国では高まっていた。

6月16日、菅野喜明は下小国に住む大河原宏志（当時69歳）と一緒に、南相馬市へ向かった。原子力損害賠償紛争解決センターへ集団和解申立を行った、「ひばり地区復興会議」に話を聞きに行くのが目的だった。大河原は会社員時代、取締役をしていた時に民事訴訟を起こした経験があったため、その経験を頼みにした。喜明は言う。

「すでに和解が成立した案件だった。東電は避難した人たちには賠償を払ったのに、警察官や消防団など職務で避難できなかった人たちには払わなかった。それはおかしいと申し立てを行い、避難しなかった人にも避難者とほぼ同額を出すという形で解決した、ということだった」

詳しい話を聞いた喜明は、確信した。

「この弁護団なら、勝てるかもしれない。勝てない人にいくら頼んでもしょうがない」

今、小国に渦巻く鬱憤を解消するために考えられることは、「地点」にならなかった人に対する、「地点」と同等の慰謝料の支払いだ。その道しか、崩壊したコミュニティを再生させる手段は見つからない。

6月24日、喜明は行政区長たちと一緒に、再び南相馬へと向かった。南相馬の集団和解申立を行った原発被災者支援弁護団の弁護士に、より詳しく小国の状況を説明するためだった。その場には同弁護団の共同代表、丸山輝久《てるひさ》弁護士もいた。

「小国の放射線量マップと、小国小学校で行った住民説明会のDVDと、これまでの経緯をまとめた資料を渡して説明したら、丸山団長はものすごく驚いた」

同席していた若手弁護士は言った。

「これは、ひどい。こんなひどいことが行われていたなんて知らなかった。国賠をやりましょう。国賠やっても勝てます、それぐらいの状況です」

国家賠償請求に十分値するという根幹は、同じ地域に住む住民にもたらされた、あからさまな不平等、不利益にあった。

7月11日、丸山弁護士はじめ3人の被災者支援団の弁護士が、ヒアリングのために小国を来訪した。迎えたのは上小国と下小国の両区民会長はじめ、さまざまな住民だ。聞き取りの後、放射線量や地点の指定のされ方など、実際に現地を見て回った。

7月30日、上京した喜明は弁護団の事務所で今後の方針、タイムスケジュールなどを協議、8月10日、両区民会長と行政区長などが集まり喜明の報告を聞いた上で、小国としてどう動くか、方向性を決めた。大波栄之助が言う。

「弁護士から最初に言われたのは、『これは、訴訟だ。100%勝てる』と。そっちにしようと言われたけど、まず、お金がない。どれだけの人がついてこられるのかという問題もあった。何より、時間がかかる」

喜明が後を続ける。

「全員が参加できて、この不公平感をなんとかしようというのが、そもそもの目的なんです。となると賠償ではなくて、慰謝料請求だと。それしかない。賠償を選択すれば、訴訟となり、訴訟費用も相当な額になるだろうし、勝てるかどうかもわからない。判決が出るまで5年になるか、10年になるか。そこまで待てない。今の状況を変えるためにも、なんとか形を作りたい。それには慰謝料請求しかない」

精神的慰謝料を求めるADR（裁判外紛争解決手続き）の集団和解申立。これが取るべき、たった一つの道だった。

8月30日、丸山弁護士はじめ6人の弁護士たちが小国を来訪、区長、班長、区民会の役員を対象にADRについての説明などを行ったその場で、住民の意思は決定した。ADRをやろう、これが住民の総意となった。そしてこの場で、ADRを行う核となる合同委員会の立ち上げと、そのメンバー発表がされた。委員会の名は、「小国地区復興委員会」。喜明は事務局の責任者となり、実務を一手に担う役目を引き受けた。委員長は大波栄之助、副委員長は下小国から直江市治《なおえいちじ》。上小国・下小国の両区民会長も筆頭に名を連ねる。喜明は言う。

「両区民会長は2人とも『地点』なので、地点じゃない人が、委員長と副委員長になるしかない。栄之助さんがトップに立ってくれたことが大きかった。栄之助さんの人望に助けられました」

委員会はできた。このままADRに進む前に決めておかねばならない、重要な問題があった。それは、獲得した賠償金をどう分配するかということだった。たとえば各家庭の個別事情が異なれば、賠償金の金額にも差がついてしまうのか。「地点」に近いかどうかで、5万、10万と手にする賠償金を変えるのか。

この点については、喜明はじめ復興委員会のメンバー全員に固い思いがあった。

喜明はきっぱりと言う。

「我々が困っていたのは、『地点』というものができて隣近所に格差ができたこと。賠償金額に差が出れば、また格差ができる。それでは、このADRをやる意味がない。また、けんかになっちゃうわけで、格差是正のためにやるのだから、これ以上の格差は増やさない。そこで賠償金は平等に分配することへの同意を、参加の条件にしたのです」

賠償金の分配を受けるために、委員会は二つの条件を設けた。一つはこの申し立てに参加すること、二つ目は精神的慰謝料については平等に分配すること。この2点について同意書を作り、署名をしてもらうことが参加の条件となった。

弁護士を呼び、八つの行政区で住民説明会を行い、「できるだけの人が参加してほしい」と呼びかけたところ、住民の約90％にあたる1000人もが参加を表明した。喜明は言う。

「『どうせだめだから、参加するな』と妨害をする住民もいたし、指定になっていて、市から根回しされているような人も反対に回った。『どうせ、弁護士の金取り（金儲《かねもう》け）だ』と、脅す人もいた。そういう中でこれだけの参加を得たのは、栄之助さんのおかげでした。大波栄之助という委員長への信頼があった。あの人がやってくれるなら大丈夫だと、トントン拍子に人が集まった。もっともそれだけ、皆さん、頭にきていたわけですが」

大波は小柄な痩軀《そうく》を傾け、おっとりと話す。

「ほれ、こっちには市会議員がいてまとめは上手だし、大河原さんは会社で賠償請求の経験がある。だから、すごく助かりましたね。参加者を集める苦労はそんなになかった。私ができる限りのことをやると約束したら、ありがたいことに、みんな、乗っかってくれました」

こうして1000人もの人間が参加する集団和解申立という、これまでの原発事故がらみで最大規模のADRが行われることとなった。参加者の内訳は小国地区から約900人、石田坂ノ上地区から約100人、月舘町の相葭《あいよし》地区からも4世帯が参加した。

メンバーは揃った。当面、必要になるのが弁護団への着手金だ。これをどうやって工面するか。喜明は言う。

「弁護団が住民説明会で、着手金についてこう話しました。1人一律2万円、ここにプラス消費税。この着手金のほかに通信費が1万、1人3万1000円を出してくれと。さすがに、出せる人はいないですよ。全員、法テラスで借りてもらいました」

「法テラス」(日本司法支援センター)は、法律に関する支援事業を行う法人で、経済的に余裕がない人を対象に、弁護士費用を立て替える業務も担う。大波が補う。

「当時、家庭の出費が大きかったですよ。避難させていたり、野菜も買って食うようになった。農家のものが売れなくなったから、収入も入ってこない。現金で、1人3万ずつ集めるのは難しかった」

法テラスの手続きなど、事務作業を一手に担ったのは喜明だ。喜明にはいつからか、休みというものが消えていた。それだけではない。恐ろしい借金を抱える可能性だってあった。

「1人、3万を払ってやるんですよ。万が一、賠償金がゼロという可能性だってある。そうなると、『おまえ、払え』となる。1000人だから、3000万。法的にはないとしても、道義的な責任は免れないし、結果、3000万の借金を背負うということも考えられた。私、次の選挙、ないですね。私と栄之助さんは責任取らされると思いました。地元にはいられなくなるだろうと思っていました。これ、着手金の3000万円で、賠償金を小国に持ってこいという話なんで」

100日以上、休みがないのもザラだったと、喜明は汗をかきながら笑う。それでもやるしかない。それは、ひとえに地域コミュニティのためだ。そして、もう一つ。

「私は、ゆくゆく原発は全廃すべきだと思いますが、原発が現にあって、こういう制度（特定避難勧奨地点）を残すと、絶対に日本のためによくないと強く思うんです。これだけめちゃくちゃな制度を作って住民に押し付けて、誰も是正しない、異を唱えないというのは、将来の日本のためによくない。だから、命がけですよ。こういう不正がまかり通るというのを、そのままにしていては絶対によくない。賠償請求だって、小国で誰も動こうとしないし、じゃあ、自分たちでなんとかしなきゃと。とにかくもう、必死でした」

4　公務員ですから

２０１２年、新年度が始まってまもなく開かれた、小国小学校のＰＴＡ総会で、教頭は保護者にこう通告した。

「新年度にあたり1日に1時間を目安に、屋外活動を行う方針です」

あまりにも唐突な、屋外活動解禁通告だった。「地点」となり、梁川駅前の借上げマンションに住む早瀬道子は、思わず耳を疑った。指定にならず地域に残った子どもたちの通学のために、スクールバスが運行されている場所だ。子どもを歩かすことができないほどの高線量の地域なのだ。学校の除染は行われたとはいえ、屋外活動を解禁していいほど、急激に線量が下がったわけではない。なぜ、年度が変わっただけで、１８０度の方向転換ができるのか。

「保護者の思いを一度も聞いていないのに、どうして子どもを屋外に出すって決まったの？　こんなの、あり得ない」

これまで小国小は「受ける必要のない線量は、できるだけ受けさせない」という考えで、子どもを被ばくから守ってきた。学校側はこの考え方に基づき、「必要な活動に限り、必要最小限の時間を考慮」すると説明するわけだが、そもそも違うだろう。なぜ、わざわざ子どもを外に出して、「受ける必要のない線量」を浴びさせようとするのか。

道子をはじめ保護者たちは、実際に保護者が屋外活動再開についてどう思っているか、アンケートを取ってほしいと要望した。

PTA総会で示された保護者の要望を受ける形で、「学校における屋外活動の意向調査」実施の「お便り」が、各家庭に配布された。そこには参考になる数値として、4月の放射線量が末尾に記されていた。校庭中央で、0・44〜0・46マイクロシーベルト／時。これは除染された校庭の中央という、最も低いと思われる場所での数値だ。

「お便り」には、こう記されていた。

〈文部科学省が安全と考える基準『年間1ミリシーベルト』の3分の1以下ぐらいになります〉

5月初め、保護者への意向調査の結果が公表された。

実家庭数、34人。うち、外での活動に賛成であると答えた方…26人（76・5％）、反対であると答えた方…2人（5・9％）、どちらにも記入があった、または、どちらにも記入がなかった方…6人（17・6％）。

圧倒的多数の親が、子どもを外で活動させることを望んでいるという結果となった。

賛成している親は、こんな考えを持っていた。

「屋外活動がなくなり子どもたちがやや虚弱になっているような気がします。安全に対して十分に配慮されている学校では、是非屋外での活動を再開してほしいです」

しかし、「賛成」だとしても、ほとんどの親にさまざまな躊躇《ちゅうちょ》があった。

「安全に配慮しながら行ってほしいです。毎日ではなく、本当に必要な時だけにしてほしいです」

意向調査を受ける形で、「当面、1日1時間程度（必ず毎日という意味ではない）を目安に指導していく」という決定が、「お便り」で伝えられた。

子どもたちがこうしてまで屋外でやらなければならない「必要な活動」とは何なのか。それは理科の野外観察、栽培活動、体育の授業、それに運動会の練習だとされた。

道子にとっては到底、納得できないことだった。1分1秒だって、小国の空気を長男の龍哉に吸わせたくない。なぜ、わざわざ高線量の地域で、虫とか植物などの「野外観察」をさせるのか。放射性セシウムを含む植物をわざわざ、なぜこの時点で、子どもに育てさせるのか。収穫したものは廃棄するしかないだろうに。

のちに道子たち保護者有志が、外部の測定機関と連携して敷地内の放射線量の測定をしたことでわかったことだが、栽培活動でひょうたんの栽培を行った場所は、2マイクロシーベルト／時の線量があるフェンスそばだったという。ひょうたんを栽培し収穫することが、それほどまでに「必要な活動」なのかが理解できない。それより大事なのは「受ける必要がない線量は受けさせない」という、小国小の方針をそのまま貫くことではないか。

道子は龍哉からこんな話を聞き、慄然とする。

「1年生とか2年生とか小さい子たち、とったばっかりのひょうたんをぺろぺろ舐めてたよ。できたのがうれしいって、喜んで」

道子の思いを逆撫でするかのように、学校側は、昨年諦めたプール授業を再開する動きを見せ始める。5月17日の「お便り」は、「学校プール利用に関する動向について」と題して、プールに関する測定結果が明らかにされた。

〈プール水の測定の結果、セシウム134が1ベクレル／キログラム、セシウム137が2ベクレル／キログラム検出されたものの、伊達市教育委員会の、基準値の10ベクレル／キログラムに当てはめて問題ないと確認された〉

「お便り」の裏面には、文部科学省スポーツ・青少年局学校健康教育課からの「福島県内の学校の屋外プールの利用について」と題された通知がコピーされていた。小難しい計算式はひとまず脇において、プール授業を行った場合、想定される線量についての文科省の結論を記す。

〈小学校の体育の授業を想定した場合、プール水から児童生徒が受ける線量は、0・0

0040ミリシーベルト。中・高校の部活動を想定した場合、0・00033ミリシーベルト〉

2012年夏、国も県も市もこうして、福島県の子どもを屋外プールで泳がせようとしたわけだ。ここまでして、放射能に汚染された地域において、水泳という体育の授業を成立させる、この執念は何なのだろう。

道子は怒りを隠さない。

「もう、プールなんてありえない。ふざけすぎている。肌を出すんだよ。コンクリートなんて、ものすごい線量が高いんだから。そこを素足で歩くんだよ、座ったりするし。プールなんて、もってのほか」

道子が言うように、6月6日の「お便り」で、小国小が出してきたプール周辺のコンクリート部分の線量（マイクロシーベルト／時）は、目を疑うものだった。たとえばA地点。

〈1センチ…1・15、50センチ…0・55、1メートル…0・51〉

プール周辺の見取り図には、地上50センチで測定した数値が記されている。毎時0・781、0・626、0・838マイクロシーベルト……。ここに肌を露出した無防備な状態で、小学生をわざわざ連れてくるというのは正気の沙汰と思えない。

参考までに、国の除染基準は地上1メートルの空間線量が、毎時0・23マイクロシーベルトというものだ。

道子はひしひしと感じていた。屋外活動の時も意向調査はしたけれど、結局、学校の思う通りの結果となった。保護者の気持ちなんて置き去りにされたまま、外側からどんどん、学校を「通常」に戻そうとする動きが押し寄せてくる。新年度になるや、もう原発事故などなかったかのように、元の状態に戻そうとする怒濤《どとう》のような動きが続く。

「学校って、子どもを守ってくれる場所じゃなかったの？　少なくとも去年の8月、人事異動前の校長先生は、母親たちの気持ちにできる限り寄り添ってくれていた。あのころ、学校は力強い盾となって子どもを守る一翼を担ってくれた。だから私たち親も安心だった。しかし、新しい校長は親より行政側に寄っているとしか思えない」

このままでは保護者の思いが置いてきぼりにされてしまう。道子は母親たちに呼びかけて、保護者全員へのアンケートを行った。寄せられたのは、学校が行った意向調査と比較にならないほど厚みのあるものだった。27人の保護者が、じっくりと今の思いを書き綴《つづ》ったものとなった。

「学校行事について慎重に考え、保護者の意見や考えを元に進めてほしい。避難している子がいる中、地域は高い線量だったことを忘れず、小国小学校独自のプラン、体制が必要ではないか。外活動の件や運動会のありかたなど、保護者の気持ちを無視しているように感じた」
「学校の周りも除染されていないのに、屋外活動がきちんと保護者の理解のないまま、運動会を一部、屋外で行ったことは失望した。（中略）他の学校が、野外活動が始まったからといって、小国も同じくしようなんて考えはおかしすぎる。この生活が普通ではないので、もう少し慎重にしてほしい。プールなんて無理」
「ここで生活する以上、学校生活については先生たちを信用して、子どもたちを通わせるしかありません。何が本当に安全かわからない今、最善の取り組みをしてもらいたい」

道子たち保護者有志は、アンケートの声すべてを書き出し、6月13日に「要望書」を作り、学校と教育委員会に提出した。

6月14日発行の「災害対策号」59号、奇《く》しくも市長メッセージのテーマは、「プールの除染と水泳の必要性」。仁志田市長は軽快にこう綴っていた。

〈子どもにとって、夏といえばプールでの水泳ぎ、ということでしょう。（中略）今年は、昨年のそうした実証実績を踏まえて、子どもたちに精一杯泳いでもらおうと本格的な除染に着手したところです。（中略）

依然として、プールで子供が裸になって泳ぐことに心配する保護者もおりますが、今は空中に浮遊する放射能はまったくないことや、プールの水は茂庭《もにわ》のダムからの飲み水そのものであることからも、放射能について絶対に安心できるものです。保護者の皆さん！　今夏は、子どもたちの心身の健康のために、プールで思う存分泳がせてあげましょう〉

7月8日、小国小PTAは市民放射能測定所など外部の機関の協力を得て、校舎内外の放射線量の測定を行った。測定者には「元保護者」として、愛知県に母子避難をすることに決めた、椎名敦子の夫、亨の名もあった。

その結果、地上50センチの空間線量（マイクロシーベルト／時）は、決して低いとは言えないものだった。正門左の側溝が1・91、校外のバス降車ポイントは2・34、校門前の横断歩道前が1・44、校庭南側柵雲梯《うんてい》近くで0・78、体育館裏が2・90、校舎裏（プール脇排水溝西側）は2・38あった。道子は言う。

「測定してみて、やっぱり小国小は高いということがよくわかった。学校にこのデータを渡したけれど、学校は公表しなかった」

8月21日には、伊達市放射能対策課による「Aエリア小中学校の空間線量率モニタリング」が行われた。その結果、小国小には3・2マイクロシーベルト／時を超える地点が7ヶ所あることが明らかになった。

地表1センチの値だが、体育館周囲で8・96、14・50、校舎前の校庭の1ヶ所で4・68。子どもたちが栽培活動を行っている2ヶ所どちらも、地上1メートルで0・67。

最も数値が低かったのが「校庭中央」で、1センチで0・27、50センチで0・30、1メートルで0・29。保護者に「お便り」で毎回知らされる、測定ポイントだ。

学校の対応にもどかしさを感じつつ、「お便り」に目を通した道子は、わが目を疑った。夢であってほしかった。


〈9月12日（水）学校教育施設課で、ホットスポットの調査がありました。場所は、校舎東側日時計付近の敷地外の排水溝と側溝です（普段は、雑草が生い茂り踏み入らない場所）。

翌日、作業員数名が来校し、排水溝の土と側溝にたまった砂の撤去及び校庭隅保管の山砂での遮へい作業が行われました。線量は、179マイクロシーベルト／時（作業前）から3・9マイクロシーベルト／時（作業後）まで下がりました〉

いくら敷地外と言っても、179？ そんなレベル、今まで聞いたことがない。こんな場所に子どもを通わせて、そして屋外活動もさせる事態があっていいわけがない。

翌日、道子は学校に電話をかけた。応対したのは教頭だ。

「一体、昨日のお便りの179マイクロってどういうことなんですか？」

「いやね、役場で測ったら、こうなったんです。でもお母さん、大丈夫です。除染してますから、ご安心ください」

「なんで、3・9で安心なんですか？　なんで、今まで黙ってたんですか？　こんなに高い線量があるってことを。桁違いの数字じゃないですか」

「はははは」

教頭は急に笑い出した。含み笑いのような忍び笑いのような、どんな感情がそこにあるのか、判断のしようがない笑い。

「教頭先生、どうしたんですか？」

「いやあ、お母さん。ここだけの話ですが、前々から線量高いの、知ってたんですよ」

何、言ってんだ。意味がわからない。頭を振りながら、道子は聞く。

「あのー、教頭先生、前々から知っていて、この対応なんですか？」

「この前、遠足に行ったでしょう。福島市のあづま運動公園。あそこもあの時、0・4あったんですよ」

「えー、そんなにあったんですか？　こっちはそんなこと、全然、知らなかったですよ」

なぜかわからないが、ポロポロと知らなかった事実が飛び出してくる。落ち着こうと道子は思った。横には和彦が付いていて、一緒にこのやりとりを聞いている。

「教頭先生、じゃあ、前々から知っていたのですね」

「はい、知ってました」

「知っていて、なぜ、保護者にそれを知らせなかったのですか?」

「だって、皆さんに公表すると動揺するじゃないですか。だから、しなかったんです」

保護者こそ、正しい線量を知らされるべきなのだ。自分の子どもをそこに毎日、通わせている身なのだ。これほど重大なことを保護者に隠しておいて、悪びれることなく笑いながら打ち明ける……。これが、教育者なのか。気を取り直して道子は告げた。

「教頭先生、3・9マイクロシーベルトでは、除染完了じゃないですから。もっと下げるようにしてください」

その場所に以後、除染の手が入ることは一切なかった。

今度は、持久走大会だった。10月12日の「お便り」によれば、11月15日に校庭で持久走大会を行うという。

道子は愕然とする。

「外で、マラソンをさせる？　信じられない。除染をやってる最中で線量だって下がってないのに、マラソン大会をするって……」

大会の練習がほどなく、校庭で始まった。

「長男は、走ることだけが取り柄のような子。だから、走りたいっていう思いを我慢させるのは、本当につらかった。先生たちは以前、屋外活動に参加しない子たちには屋内での活動を工夫してくれると言ったのに、長男ともう1人の子は昇降口に立たされて、外活動を見学させられていたって。あとで長男から聞いて、本当に悔しかった。砂埃が舞う昇降口の、それも玄関で。走りたいって思いをぐっと抑え込んで、友達が走るのを見てたんだと思う。私、その子たちには教室で何か、違うことをさせてくれるとばかり思ってた」

まるで見せしめ、罰ゲーム。悪いのは、外に出すのを拒む親なのだと言わんばかりに。除染作業で放射性物質が舞う環境下、砂埃をあげて子どもたちは外で走る。道子は唇を噛む。

「所詮、学校の先生っていったって他人事なんだよね。親が学校のことを一部始終、見ていられるわけがない。親が見ていないことをいいことに、まあ、いいだろうって、そんなんばっかり。いくら頼んでも、お願いしても無駄。子どもを守るのが、学校じゃないの？」

10月26日、保護者有志で校舎内外の放射線量を測定することを学校側に申し出た。

「うちはもちろん、参加させるつもりはなかったけれど、外で持久走大会をやりたいと言うのなら、学校の周りをきちんと測定して、どこにホットスポットがあるかはっきりさせてほしいと、測定依頼をしたのです」

測定が予定されていた前日、25日付の「お便り」で、持久走大会の参加状況が報告された。

全校児童44名中、参加が41名、参加見合わせが2名、未回答が1名。参加の41名のうち、体育館での練習を希望したのが3名となった。

学校は「外に出ている時間が20分程度、応援は比較的線量の低い校舎側で行う」と説明する。さらに「受ける必要のない線量をできるだけ受けさせない」ために、開会式、閉会式、準備運動は体育館で行うという。ここまでして、子どもを外で走らせたいのか。

その日、道子たち保護者4名が測定のために小国小に行くと、迎えた教頭に校長室へと誘導された。校長は母親たちの前でこう言った。

「学校は、最善のことをしています。そういった中で、このように心配されるお母さん方がいるわけですが、お母さんたちの気持ちにこれ以上、学校は沿うことができません」

学校のトップが、親の気持ちを尊重しないと面と向かって言ってくる。道子には今、何が起きているのかがわからない。真意をつかみかねる母親たちに、校長はこう告げた。

「ここは伊達市の学校です。私たちは、公務員ですから」

そんなことはわかっている。それが一体、なんだというのだ。子どもを教育する機関に勤務する、子どものために働く公務員、公立校の教員とはそういう人たちのことを指すのではないか。いぶかしむ母親たちに、校長はサラリと言う。

「なんなら、お母さんたちの思うようにできる、私立もありますから」

これ以上、つべこべ言うなという宣告だった。学校の言うことが聞けないのなら、私立の小学校へ行けばいいという退場通告。

その言葉を、道子は今も忘れない。感情のかけらもない薄っぺらさ。この校長は行政が命じれば、簡単に子どもの健康も未来も差し出すことができるのだ。

この日の測定でも、小国小学校の線量が決して低くはないことが明らかになった。2マイクロシーベルト／時を超えるところが数ヶ所あった。正門（敷地外、左プール脇）は地上1メートルで8・70、体育館裏（土）は地上50センチで3・30……。プール脇排水溝の表面汚染は、27万ベクレル／平方メートル。

この測定結果を保護者に公表し、子どもの安全に役立ててほしいと学校側に渡したが、「要らない」と返却された。

持久走大会の4日前の11月11日、住民から「小国小のプール側の放射線量が高い」という報告があり、民間団体「安心安全プロジェクト」がプール付近の線量調査を行った。プールの排水が流れる用水路の底に、84・76マイクロシーベルト／時のホットスポットがあったのだ。

私が初めて道子に取材を申し込んだのはちょうどこの時期、2012年11月末のことだった。「アエラ」（朝日新聞出版）の短い記事で、テーマは特定避難勧奨地点。結果として、その「欺瞞《ぎまん》」を指摘するものとなった。

初冬だというのに、柿の実が赤々と枝に実っている異様さに、胸がぐさりと突き刺された取材だった。まるで血が噴き出しているよう。除染のため高圧洗浄機で木肌を剝がれ、白樺《しらかば》のようになってしまった柿の木の痛々しさ……。見慣れた初冬の風景に立ち現れる「異形」に、息を呑み立ちすくんだ。

道子から、直面している小国小学校を巡る苦悩、そしてつい最近判明した高線量地点の存在といった話を聞いた後に、「これなら、測れるから」という測定器を借りて、カメラマンとともに、プールの排水が流れ込む草の生い茂った用水路に測定器を置いた。ものすごい勢いで変化する数字、10を超えたあたりで胸がどきんとなった。30、50……、数字がと信じられない思いで目を合わせ、どこまで行くのかを見守った。上がり続け、そして止まった。84・86マイクロシーベルト／時。

目には見えない、臭いもしない。でも今、自分の足元にこれだけの放射性物質があり、放射線を発しているのだという事実に初めて、背筋がぞくりとする恐ろしさを感じた。

この結果を持って12月3日、伊達市役所を訪ねた。応対したのは放射能対策政策監付次長、除染対策担当の半澤隆宏。

――敷地外ですが、プールに隣接する場所に84マイクロシーベルトという高い線量があることをどのように考えますか？

「これは地表でしょ。1メートルになると、この80いくつが1いくつかになるわけですよ。ここに子どもがペタッと座って、1時間いるわけじゃないんですよ。こんなところで子どもは遊ばないでしょう。がくっと低くなっている側溝ですから。これがあっていいですかと言われれば、あっては良くないとは思います。できる限りのことはやって、校地内は下げたんですよ。そういうところを見ていただきたい」

――ですが、これだけ高い線量があるところに子どもが通っていることは問題なのでは？

「こんなに高いって、さっきから言ってますが、子どもの頭の高さになれば高くないんですよ。それは、木を見て森を見ずなんです。森が大切であって、木が大切なわけじゃないんですよ、線量というのは」

――除染をしても、校庭などで下がりきっていないところがあります。

「だから、森の中の一本、一本の木の中ではそういうところはありますよ。高いですよ、それは自覚してますよ。高いところはほんとの端っこなんです。子どもたちがフィールドとしているところの概ね90％は、そうではないんです。放射線防護の基本は遮蔽、距離、時間ですよ。それはやっているんです」

――しかし、こういう環境に子どもを置いておくのは問題なのではないですか？

「それって、まるで危ない学校のような言い方じゃないですか。木だけを見て森を見ない議論なんですよ。線量下げるために一生懸命できるだけのことをやったんですよ。たとえば、出来の悪い子どもが98点を取ってきたら褒めるんじゃないですか？　それを、『なんで、あんたは100点取ってこないんだ』って怒るんですか？　そうじゃないでしょ。98点取っているにもかかわらず、『なんであんたはあと2点取らないの』と言っているのと同じなんですよ」

――じゃあ、小国小学校は98点なんですか？

「そうですよ。98点ですよ。きれいに洗った重箱に米粒1つ残っていて、残っている米粒1つを非難されても困るんですよ」

木で鼻をくくったような放射能対策責任者の対応から、伊達市の子どもへの眼差しがはっきりとわかる。守るつもりなどないのだ。

12月5日、長男の龍哉の個別面談のために道子が教室に向かうと、校長が教室の前を歩いていた。こんな偶然、あるわけがない。道子を認めるや、さっとすり寄ってきた。

「10月に測定したデータ、もらえませんかね？」

子どもの安全に役立ててほしいと渡したにもかかわらず、「要らない」と突き返されたものだ。今になっての手のひら返し。

「あの測定では市民放射能測定所の方も協力してくれましたし、もう1人、付き添ってくれた親御さんもいます。学校から『要らない』と一旦突き返されたものですから、一緒にデータを集めたその方にもお話しされてみてください。その上で、いつでもお渡しいたします」

校長の血相が変わった。

「データを渡さないってことですか？ じゃあ、あなたの息子、いじめられますからね。親が騒ぐだけ騒いで。いじめられますよ」

こいつ、何、言ってんだ。おまえがいじめんだべ。いじめられるもんなら、いじめてみろ。そんなことでうちの息子は折れるような子じゃない。はらわたが煮えくり返りそうな怒りを抑えて、道子は冷静に言った。

「だから校長先生、もう1人の親御さんがいるんですから、その方にも許可を取ってください。私の一存では決められませんから」

しかし、それはついぞ、なされなかった。自分の息子が「いじめられる」という脅しをまさか、学校の責任者の口から吐かれるとは。今も思い出せば、怒りに身体が震える。

龍哉は傷ついていた。昇降口で、ぽつんと待っているのはつらいという。当然のことだった。走ることが大好きな子だから、なおさらだった。

「小国じゃなくて、梁川で走ろう。ママは小国の校庭では走らせたくない。小国でやんなくていいから、帰って来てから、ママと一緒に走ろう。ママが付き合うから」

道路の真ん中なら大丈夫だろう。線量を測定した場所で夕方、一緒に走ったり、タイムを測ることもした。

「3年生だけど、私はもう追いつけない。運動会じゃ一番になる子だから。体育をやらないっていうのが、どれだけつらいか。でも、親の思いを息子は理解してくれた。だったら、親が何かしてあげないと。手をかけてあげないと。そうしないと、もっともっと心が折れただろうし」

龍哉にとって梁川は、寝に帰るだけの場所。友達もいなければ、土地勘も何もない。小国こそ、自分の場所だった。当時、子どもたちが幼稚園や学校から梁川に戻れば、きようだいげんかばかり。広い家で走り回っていた子たちが狭いマンションで、しかも家の中だけで過ごすわけだから、それぞれストレスを抱えていた。道子はこの時期を、苦い思いで振り返る。

「電話で学校と話していると、つい感情が高ぶってしまう。息子が言うんだよね。『ママ、校長先生とけんかしないで』って。子どもは先生が大好きで、その先生たちに母親が立ち向かっているのを否応なく目にしてしまう。それも自分たちを守ろうと電話口で吠えている。学校に行けば、先生の言うことを聞かないといけない。息子にしてみればどうしていいか、わからなかったと思う」

5 解除

12月13日夜、市議の菅野喜明は、知り合いのオフサイトセンターの課長補佐に電話を入れた。

「マスコミの人間からいろいろ電話が入るんですけど、勧奨地点、解除になるんですか？」

その職員は一瞬口ごもった後、観念したように言った。

「そうです。明日、解除になります」

衆議院議員の選挙期間中だった。投票日は12月16日、民主党が大敗して政権が変わるだろうという数日前の、急転直下だった。

「うちからの要望なの？　市長が言ったの？」

「それはお答えできないんですけど、伊達市の要望というより、統合的な結果です」

半信半疑の喜明は、慌てて原子力保安院の被災者支援チームの課長補佐に電話をした。すると同じような答えが返ってきた。

「どうも、解除しそうですね」

そんなこと、あり得ないだろう。

「除染をやっている最中だから、解除するわけがない。解除は除染が終わってからでしょう」

政権が変わろうとする、まさに政治的端境期だからこそ、つまり、今の政権がある間に解除してしまおうという、これは駆け込み解除なのか。

なんということだ。まだＡＤＲの申し立てには至っていない。ちょうどそのための作業が佳境に入った時期だった。週末ごとに弁護団が来訪し、小国ふれあいセンターにおいて個別の聞き取り調査を行っていた。弁護団も復興委員会も、地点が解除になる前にＡＤＲの申し立てを起こす心づもりでいたのだった。

申し立てのメンバーとなった、喜明の家の目と鼻の先に住む高橋佐枝子と徹郎もこの時期、弁護団に提出する資料を集めて聞き取り調査に臨んだばかりだった。

高橋家では11月24日、除染のための敷地内のモニタリングが行われた。その結果、母屋の雨樋の下が地表で102マイクロシーベルト／時、子ども部屋となっている離れの軒下が地表で39・36マイクロシーベルト／時という高線量を記録した。これだけの線量を放つ線源と1年半以上、共存させられてきたのだ。しかも地表とはいえ、子ども部屋という、長男と次男がいつも行き来する場所でだ。地上1メートルでも、0・5〜0・6マイクロシーベルト／時はあった。徹郎は言う。

「測定の業者がびっくりしたんだよ。102あって。久々に3桁を見ましたって。それで指定になってないってのが」

だから徹郎は、その102の土を持って市役所に行ったのだ。

「内緒ですけど、その高い土、市役所にこそっと置いてきた。市役所に行くたんびに持って行った。駐車場の2ヶ所にこっそりその土を置いてきた」

3度目にその土を持って向かったのは、放射能対策課。責任者の半澤隆宏を呼び出した。

「最初は取り次いでもらわんにの（もらえないの）。だから『アエラっていうので、黒川さんっていうのが何か書いでだな』って言ったら、すぐに半澤が出てきた。102、出た土を持って行って半澤に差し出して、『これ、測ってけろ』って。そしたら、測ってみだら8・なんぼかだって言うんだ」

だから徹郎はこう捨て台詞《ぜりふ》を吐いて、踵《きびす》を返した。

「ふうん、低《ひ》ぐ出んだな。102が8になんだ。低いなら、大丈夫だろ。そっちで処分しろ」


それは、あまりにも突然の動きだった。小国の住民には解除の「か」の字も知らされず、解除に向けての住民説明会も全く開かれていない。

翌12月14日付の「福島民報」で、喜明ばかりか「地点」当事者も、初めて「解除」を知るのだ。

〈128世帯14日にも解除、伊達の特定避難勧奨地点
政府の原子力災害現地対策本部は14日にも、東京電力福島第一原発事故に伴う福島県伊達市の「特定避難勧奨地点」117地点（128世帯）を全て解除する。13日、対策本部の担当者が「除染で線量が低減された」として市に指定解除の意向を伝え、仁志田昇司市長が同意した〉

その日、伊達市役所で開かれた記者会見で、仁志田市長はこう答えている。

「いろいろな考え方があるが、正月前に帰してやりたいというのが一般的な人情ではないか。ある程度（線量は）下がっており、除染も進むのでこれからも下がるだろう。国がやろうとしていることに我々が反対する理由はない」

こうして、伊達市の特定避難勧奨地点128世帯すべてが、解除となった。

ちなみに南相馬市では、特定避難勧奨地点142地点（152世帯）が解除となったのは伊達市より2年後、2014年12月24日のことだった。桜井勝延市長はこう話す。

「特定避難の地点解除、それをどうやって住民に納得させるかっていうのは、話し合いを徹底的にするしかないんです。もちろん、それをやっても納得しない人はいる。でも回数を重ねて住民説明会を開いているっていうことは、わかってくれる。住民説明会をやり続けていることだけは、否定できない。だから、ちゃんと住民の話を聞くことなんです。聞きに行くんですよ。100％の納得なんて、絶対にない。だけど解除決定後、苦情の電話は1本も入ってないですから」

地点の設定の時も南相馬市は、伊達市より1ヶ月ほど遅れたが、とにかく何度も住民説明会を開いたという。その説明会に「国」を入れることは絶対にしなかった。国を入れて、「最終的には司法の場で」と住民を突き離した、小国地区の説明会とあまりにも対極にある。

梁川に住む、早瀬道子は言う。

「もう、目が点。突然の、〝素晴らしい〟解除。住民説明会もなし、通知1枚が送られてきただけ。前触れは測定だけ。12月初めに電気事業連合会が来て測っていった。まさか、解除はないだろうと思っていた。除染したと言っても、まだすごく高かったし」

住民不在、住民無視のやり方に小国の住民たちの間で怒りが巻き起こる。喜明が言う。

「解除なんて、除染が完了してないのに言語道断。住民には何の落ち度もないのに一方的に指定を受け、地域が破壊され、説明会もなしに今度は解除だと」

2013年1月22日、上小国と下小国の両区民会長、小国地区復興委員会委員長、石田坂ノ上地区住民代表、月舘町相葭地区の住民で、原子力災害現地対策本部長に、「特定避難勧奨地点、除染途上での解除反対並びに住民説明会を求める緊急要請書」を提出した。

ここには住民の怒りがありありと綴られる。

「……2011年6月30日の指定時においてすら、住民説明会が各地区において行われていたにもかかわらず、解除時に全く行われないなど、住民無視の姿勢はよりいっそうひどくなり、慚愧《ざんき》に堪えません。我々は、我々の当然の権利、そして、行政当局の義務として、この長い期間、混乱を招いた当局からの説明を受けるため、説明会の開催を要請いたします」

この緊急要請書に小国地区復興委員会委員長として名を連ねた、大波栄之助は言う。

「県庁にまで持ってって要望書を出したんだけど、ろくな返事はない。聞いたんだよ、なんで説明会をしないのか。すると『県も国も、説明会をやるべきだというのに、伊達市が動かないのでできません』と。だから、どういう事情でできないのか、市長に聞きに行った」

要望書を直接、市長に渡して訴えたいという強い思いがあり、大波たちは1週間前に伊達市に申し入れをして約束を取った上で、13人で市役所に出向いた。大波は憤然と言う。

「市長、『来客中で、会われません』だと。こっちはちゃんと約束した時間に行ってんのに、来客中だとよ。ふざけてんだ。『客って、何人、来てんだ?』って俺、言ったんだ。そういう市長だがら。こっちも、市長と話すの、いやだな」

地点解除は、子どもの心も振り回した。早瀬家では小学3年の長男の龍哉が不安に駆られるようになった。

「ママ、解除になったら、小国に帰されるの? この家、もう、借りれなくなるの? 僕たち、どうするの? 僕たち、どこに住むの?」

道子も和彦も、龍哉から質問攻めにあう。ようやく落ち着いてきた矢先、足元がだるま落としのように崩れ、何もなくなるような恐怖に襲われていたのだ。

不安は的中した。1月25日、小国小からの「お便り」に、伊達市教育委員会教育長の通知が添付されてあったが、そこには避難している児童生徒へのタクシー送迎は、２０１３年３月末をもって終了とする方針が打ち出されていた。

道子は言う。

「解除したのだから、帰れと。小国の中だけはスクールバスを走らせてやる。つまり、帰ったやつだけは支援するぞということ」

道子と和彦は、龍哉に話した。

「4年生になる新学期から、タクシーはなくなるんだって。だからもう通えないよ、小国小には。転校しかないよ。梁川小学校に転校しよう」

龍哉は思いつめたように下を向き、ふっと息を吐いて小さくうなずいた。

「タクシーないんなら、しょうがないよね」

一度だけ、タクシーによる通学風景を見せてもらったことがある。避難先のマンションの下まで、タクシーは来てくれる。マスクをしてガラスバッジを首から下げ、ランドセルを背負った龍哉が乗り込むタクシーには、すでに２人の小学生が乗っていた。乗り合いタクシーで小学生がドア・ツウ・ドアで登校するという、奇妙な通学光景がそこにあった。バスか車でしか登校できない小学校、それ自体が異様だった。

2月28日午後、道子と和彦は２人で伊達市教育委員会を訪ねた。念押しの意味で、道子は聞いた。

「小国小学校へのタクシーの支援はなくなるのですよね？」

「はい。そのような決定文書が出ていますから、通学の支援は今年度で打ち切ります」

この回答を得て、2人はうなずいた。しかし、大事なことだ。念には念をと、もう一度、聞いた。

「タクシーの通学支援、なしで決定なのですね？　これがまさか、覆るなんてことはないですね？」

「はい。それはないです」

じゃあと、2人の考えは一緒だった。

「だったら、転校させます。梁川小学校への転校手続きをします」

「大丈夫ですか？　転校させることで、お子さん、不安になりませんか？　心配です」

何を今さら……、だったら、タクシー支援を打ち切るなよと喉まで出かかった言葉を抑え、転校手続きを終えて帰ってきた。この春に小学生になる長女の玲奈は、小国小ではなく、梁川小に入学させることにした。

これで、終わりのはずだった。しかし3月初旬、自宅に教育委員会から電話がかかってきた。

「すみません。タクシーの支援を再開したら、おたくの新入生、小国小学校へ入学させますか？」

「どういうことですか？　だって、もう3月ですよ。制服も体操着も、梁川小学校のものを買いましたから。うちの子は梁川小学校に入りますし、息子は転校させますから」

3月18日、伊達市教育委員会はタクシー支援を再開することを表明した。次年度の小国小学校の新入生がゼロとなったことへの危機感の表れだったが、龍哉の心はまたしても大きく傷ついた。

「自分で教育委員会に電話してみっかい？」

何気なく話したところ、うなずいた。長男で線の細いところがある子だが、どうしても自分の声で言いたいことがあった。道子は横で見守った。

「僕が転校を決めたのは、タクシーがなくなるからです。なんで、今頃、タクシーの通学を再開するって言うんですか？　ひどいじゃないですか？　僕は転校したくはなかったんです」

電話口の向こうは「ごめんなさい、すみません」と言い続けているようだった。

「ふざけんじゃないわよ！　子どもを守る教育委員会が何やってんのよ！」

これは夫婦、同じ気持ちだ。今だって怒りで体が震えてくる。和彦は昨夜もこう言った。

「裁判を起こしてでも、息子の傷ついた気持ちをなんとかしたい。俺は絶対に、教育委員会を許さない」

新学期、転校生となった龍哉は必死にがんばっていた。道子はその痛々しさがわかるだけに、よく声をかけた。

「大丈夫？　がんばって、疲れない？」

龍哉はそのたびに、笑って答えた。

「大丈夫、余裕だね！」

その龍哉が高熱を出し、入院したのは1学期も終わりの頃だった。マイコプラズマ肺炎という診断だったが、道子は精神的苦痛で疲れが溜まったからだと思わざるを得なかった。

病床で龍哉は初めて、本当の思いを母に伝えた。

「僕、休み時間がつらかったんだ。ひとりでぽつんと机にいるんだ。みんな、いろいろするけど、僕、ひとりで机にいた。それを乗り越えて、友達、つくんないとって」

その切なさを思って、涙となった。道子は聞いた。

「なんで、ママに言わなかったの？　話してくれればよかったのに……」

龍哉は首を振った。

「言わんにかった（言えなかった）。これ以上、ママに心配かけたくないがら」

道子ははっと振り返る。言えない何かを作っていたのは自分だった。被ばくしないよう気をつけて、神経を苛立《いらだ》たせて、いろんなものと闘って……。

「2年間、私、何をやってきたんだろう。子どもは成長していたけど、大人はただ足踏みして、『このやろう、あのやろう』と憤慨して、闘ってばかりで。子どもを守るために精一杯やってきたけど、子どもの防御はできたかもしれないけれど、子どもに、大人が前に進む姿、進歩を見せていない。どう人生に立ち向かっていくかという姿を……」

何かの区切り、転機が道子の中で生まれつつあった。事故からすでに2年が経過していた。


2013年2月5日、小国地区305世帯925人（参加率は勧奨地点の指定世帯を除き、約90%）、霊山町石田坂ノ上・八木平地区、月舘町相葭地区を合わせ、計323世帯991人が、東京電力に特定避難勧奨地点と同じ1人あたり月10万円の精神的慰謝料を求め、原子力損害賠償紛争解決センターにADRの集団和解成立を行った。

請求総額は20億円規模、特定避難勧奨地点を巡って、初めての集団申立となった。ようやく、ここまで漕《こ》ぎ着けた。だが喜明が抱える、3000万の借金を背負うかもという不安が払拭されるのは、まだ先のことだった。

第3部　心の除染

1　放射能に負けない宣言

〈除染は手段であって目的ではない〉

２０１３年は、仁志田昇司市長のこの言葉とともに明けた。

「除染元年」の次に用意されたこの言葉は、何を意味するのか。仁志田市長の言葉に耳を傾けてみよう。

〈つまり、除染は元の「安全なふるさと」を取り戻す手段として取り組むものでありますが、安全だと思えるようになるには心の問題という面もあります〉（「災害対策号」73号、２０１３年1月24日発行）

市長は除染の取り組みの根幹に、「安心の気持ちを持てるよう＝心の問題」を据える。つまり、物理的に生活圏を除染するより、大丈夫だと安心できるように、後者に重きをおくことの宣言だった。

3度目の3・11を迎えるにあたって、市長はさらに踏み込む。

〈3年目を迎える今、A、Bエリアに続いてCエリアの除染に鋭意取り組んでまいりますが、除染の効果と限界も明らかになりつつあります。（中略）……今年は放射能を克服する正念場であると考えておりますので、市民みんなで智恵と力を合わせて頑張って行きましょう〉（同75号、2013年2月28日発行）

3年目の節目に、市長はなぜか「除染の限界」を示唆する。そしてこれから、「放射能を克服する」のだという。そもそも放射能は、「克服」できるものなのか。放射能に立ち向かうという、伊達市の勢いは止まらない。

〈ここに私たち伊達市民は「放射能に負けない宣言」をします〉（同76号、2013年3月14日発行）

一人称を「伊達市民」にしているが、ここにどれだけの伊達市民の総意が汲まれているのだろう。「負けない」宣言ではなく、子どもたちをきちんと「守る」宣言を望んでいる人たちの存在が、すでに「いない」ものにされている。

勝手に「放射能に負けない宣言」をさせられる一方、前章で触れたように伊達市民は世界に例を見ない一大プロジェクトに、勝手に身体を提供させられてもいる。

伊達市民は自分たちの意思など関係なく、使われ放題なのだ。とりわけ、ガラスバッジによるデータ収集の明白な意図がすでに、この段階からポロポロと顔を出している。

伊達市は「災害対策号」76号で、こう言っているではないか。

〈皆さんの測定結果は、健康管理を目的として、市が長期間にわたり大切に保管・管理してまいります。

また、原発事故による低線量被ばくは、世界的にも例がなく、この測定結果は放射線の専門機関等による解析により、将来のさまざまな対策等の方向性を決定するための大切なデータとなります〉

のちに明らかになるが、目的は市民の健康管理などでは決してない。しかも伊達市は「市が長期間にわたり大切に保管・管理」するという約束さえ、軽々と反故《ほご》にするわけだ。この詳細については、「文庫版のためのエピローグ」で言及する。

梁川に住む早瀬道子が娘の尿検査を依頼した、「福島老朽原発を考える会（フクロウの会）」の青木一政は伊達市を厳しく批判する。

「チェルノブイリ事故では住民を避難させていますから、こんなことあり得ませんし、ベラルーシの田舎で一部の住民に個人線量計をつけさせて測定したことはあったようですが、全市民につけさせて線量を測るなんてことは、全世界で初めてです。いかに、非人権的なことをしているか……」

世界で初めて、生身の人間によって実測値を得るという壮大な実験。これが「将来のさまざまな対策等の方向性を決定する」重要な基礎データとして、その利用価値の高さを国際機関が熟知するからこそ、ICRP（国際放射線防護委員会）主催の「福島ダイアログ（対話）セミナー」の舞台に、伊達市が頻繁に登場したのだろうか。

ICRPとは、国際放射線防護委員会という日本語名から、国連か何かの公的機関のように思われがちだが、1928年に作られた民間の非営利団体で、専門家の立場から放射線防護に関する勧告を行う国際組織だ。追加線量の年間1ミリシーベルト、あるいは年間20ミリシーベルトとされた避難基準などすべて、このICRPの勧告に基づいているように、ICRPの勧告は国際的に権威あるものとされている。

今回の事故で日本政府が計画的避難区域の設定基準とした20ミリシーベルト／年は、ICRPの2007年勧告の「緊急時被ばく状況」20～100ミリシーベルト／年に基づいている。同勧告は「復旧時」においては1～20ミリシーベルト／年としているが、事故後6年を迎えるのに依然、国は20ミリシーベルト/年を基準に「帰還」を進めている。

国をも動かす機関だが、ただ助成金の拠出機関を見てみると、国際原子力機関などであり、委員を構成するのは原子力推進派と言われている。

福島第一原発事故を受け、ICRPがダイアログセミナーを福島市で初めて開催したのが2011年11月。2015年9月まで12回開かれているが、伊達市が7回、福島市が3回、いわき市、南相馬市が各1回と伊達市開催が群を抜いている。

ICRPの委員や国内外の機関・団体の関係者など、国際色豊かな錚々《そうそう》たる顔ぶれが結集し、2日間にわたってセミナーを行う華々しい舞台に、伊達市がこれほど重宝されることから、伊達市が原子力推進派にとってどれだけ重要な都市であるのかがよくわかる。

伊達市を原子力推進・国際都市に仕立て上げたのには、歴代のアドバイザーを伊達市に提供しているNPO法人、放射線安全フォーラムの存在が見逃せない。

伊達市の除染の方向性を定めた田中俊一も、2012年10月に田中が原子力規制委員会委員長となると後任としてアドバイザーとなった多田順一郎《ただじゅんいちろう》も、伊達市にガラスバッジを販売し、データ解析を一手に担う千代田テクノルも、この放射線安全フォーラムの所属メンバーだ。

放射線安全フォーラムとICRPは、このような関係を維持していると、同フォーラムのサイトに記されている。

〈放射線安全の専門家集団として、国際放射線防護委員会（ＩＣＲＰ）や国際放射線単位測定委員会（ＩＣＲＵ）などに参加する委員を、技術的に支援することなどで、この分野の国際貢献を果たします〉

伊達市に強いパイプを築いた放射線安全フォーラムとＩＣＲＰは同じ周波数のもと、それぞれの役割をもって原子力推進を担っている。

線量の高低によりＡＢＣのエリアに分けた「戦略的除染」という実験も、全市民対象・1年間の実測値という個人線量計のデータ採取も、伊達市という「実験場」があって初めて、手にすることができるのだ。

ここにきて市長は、「Ｃエリアの除染は、ＡとＢと同じものではない」ことを、市民へのメッセージの前面に押し出す。

〈……Ｃエリアのように元々低線量の地域では除染による低減効果は少ないのが現実です。またＣエリアは年間5ミリシーベルト（0・99マイクロシーベルト／時間）以下であり、この程度の線量であれば健康上の心配は無いとの、ICRP（国際放射線防護委員会）の見解もあります。

もちろん、平常時における目標値である年間1ミリシーベルト（0・23マイクロシーベルト／時間）以下を目標とすることは当然ですが、低減効果の少ない地域の除染に、膨大な労力と経費をかけるよりも、もっと効果のある対策、すなわち健康管理の強化を図ることが現実的であると考えます〉（同77号、2013年3月28日発行）

根拠となっているのは、ICRPの見解だ。この考え方が、今に至るまで揺るがぬ伊達市の方針となる。

2 少数派

2013年4月から伊達市の広報紙「だて復興・再生ニュース」に、多田順一郎によるコラムコーナーが設けられた。本人がイラストとなって登場、親しく市民に語りかけるスタイルだ。

多田順一郎、1951年、東京都生まれ。東京教育大学理学部（物理）卒業後、医療関係で放射線に携わり、2007年より放射線安全フォーラムの理事を務め、田中俊一の後継者として伊達市のアドバイザーとなり、現在に至っている。

第1回のコラムタイトルは、「山菜は食べちゃダメですか？」。

〈……私は、野山がもたらす季節の恵みを楽しんでも、皆さんの健康に悪い影響が起きるほど内部被ばくしないと確信しています。1シーズンに何キログラムもの山菜を召し上がる方はほとんどいらっしゃらないでしょうから、季節の山菜を十分堪能されても内部被ばくは1ミリ・シーベルト（約6万ベクレルの放射性セシウムを食べたときの内部被ばくの値）よりずっと少ないでしょう。そして、1ミリ・シーベルトという内部被ばくの値ですら、人が有害な健康影響を受ける放射線の量より遥《はる》かに低いものなのです〉

さらに、田中俊一をリーダーとした事故直後の飯舘村での除染実験の際、「油がくたびれるほど天麩羅《てんぷら》にして」、タラの芽をたらふく食べた話を披露。最大で1キログラムあたり、1000ベクレルの放射性セシウムが検出されたものもあったが、田中が規制委員会委員長就任の前にホールボディ・カウンター（WBC）検査を受けた際には、検出限界以下であったというエピソードを紹介して、多田はこう締めくくる。

〈食品基準を超えるかも知れないからと言って、せっかくの自然の恵みを諦めてしまうのは、山の神様に申し訳ないことだと思います〉

5回目のタイトルは、「おばあちゃんの野菜も食べよう」。

〈……内部被ばくを心配させる情報が溢《あふ》れ出し、中には、福島の農作物を毒と決めつける有名大学教授の心無い非難までありました。それらの情報は、主に反原発運動家の流したデマだったのですが、（中略）たとえば、「内部被ばくは放射線を体の中から受けるので、外部被ばくより危険だ」という主張は、細胞には自分の受けた放射線が体の中から来たか外から来たか分かるはずがないことに思い当たれば、間違いだと分かるでしょう。内部被ばくも外部被ばくもシーベルト単位で表した量が同じならば、体の受ける影響も同じです。

覚えておいて戴きたいことは、1ミリシーベルトの内部被ばくを受けるには、食品に含まれるセシウムを合わせて約6万ベクレルも食べなければならないことです。（中略）東京から来た私たちは、福島県の野菜のおいしさに驚かされます。おばあちゃんの愛情がこもった野菜は栄養も満点です。ぜひお子さんに食べさせてあげましょう〉

上小国に住む、高橋佐枝子の次男、優斗の内部被ばくの値を思い起こしてほしい。野生のなめこを食べた夫、徹郎の跳ね上がった数値も。心配が何もないのなら、なぜ、病院はその夜、再検査の必要性を伝えてきたのだろう。

専門家が「大丈夫、心配ない」と太鼓判を押し、子どもを心配する親は「モンスター」とみなされる。〈安心・安全〉の大合唱のなか、子どもを被ばくから守ろうと気をつける親は、次第に後ろ指を指されるようになっていった。

早瀬道子はいつしか、自分が少数派になっていることに気づくのだ。

「放射能を気にしていると、子どもを育てられない」

「放射能を気にする親だと、子どもが不安定になる」

こんな声が、いろいろなところから聞こえてくる。

「梁川は、もともと線量が低いから、気にする人の方が少なかった。小国とは、親の空気が全然違った」

この4月より伊達市の学校給食に、2012年産の伊達市米が使われるようになった。食品基準の100ベクレル／キログラム以下とはいえ、セシウムが決してゼロではない伊達市産の米を、学校給食に使うという大転換。繰り返すが、原発事故の翌年に収穫された米を、児童生徒に日常的に食べさせるのだという。このような重大な決定を、伊達市は保護者へのヒアリングを行うこともせず、2月22日付の教育委員会からの通知1枚で、結論を通達して終わりだ。

道子は憤りを隠せない。

「伊達市の米を使うなんてとんでもなくて、『うちは食べさせません』と米飯給食を拒否しています。だから長男にも長女にも弁当を持たせて、それは今も続いている。みんな、『100ベクレル以下なら大丈夫』って、本当に思ってるのか。それが、不思議。伊達市の米って10か20か、検出されているから。ゼロじゃない。牛乳も福島県産だから、ずっと飲ませていない。私は1ベクレルだって、子どもの身体に入れたくない」

長男の龍哉にはこう説明した。

「ママは本当なら、県外に避難したい。でも、おまえの友達がいるからここに住むことにしたんだから、食べるものだけには注意させてほしい。ママはおまえたちに、安心なものを食べてほしいの」

龍哉には敢《あ》えて、チェルノブイリの子どもの様子を映像で見せた。

「向こうでは避難区域になっているようなところに、日本では住んでいるんだよ。チェルノブイリでは今もこうやって、苦しんでいる人たちがいる。よく自然にも放射能はあるって言われるけど、原発事故で出てきた人工的な放射能だから問題で、前から自然にあったものじゃない。だから、ママは気をつけたい。あんたたちが大きくなって、生まれてくる子どもが苦しむことになるんなら、今から気をつけていた方がいいんじゃない?」

目には見えないし、臭いもしない。だから、「安心だ。心配ない。大丈夫」という伊達市や多田の言葉を信じて、「普通に」生活することもできるかもしれない。でも道子には、どうしても割り切れないものが残る。

「気にしているということに誇りをもって、私は子どもを育てていきたい。間違っているか間違っていないかなんてわからないんだから、気をつけてよかったって言えるようにしたい。子どもたちもお母さんがきちんと芯をもって進んでいる姿を見て、育ってくれていると思うし」

次第に孤立しがちな道子を支えたのが、フクロウの会の青木一政など、外部の支援者だった。

6月末、青木たちは伊達市の汚染状況の測定にやってきた。2日間かけてAエリアからCエリアまで伊達市全域を回る測定に、道子も同行した。

たとえば、Aエリア。保原町の富成公民館では地上1メートルの高さで0・82マイクロシーベルト／時、地表1センチで4・03マイクロシーベルト／時、霊山中学校周辺では地上1メートルで0・3マイクロシーベルト／時、地表1センチで0・66マイクロシーベルト／時。

Aエリアは大手ゼネコンによる面的除染が行われた場所だ。だが除染が終わったとはいえ、国の除染目標である0・23マイクロシーベルト／時を超えているところばかりだった。

そして、Cエリア。阿武隈急行線梁川駅ロータリー、地上1メートルで0・42マイクロシーベルト/時、地表1センチで1・65マイクロシーベルト/時、街路樹根元では地上1メートルが1・0マイクロシーベルト/時、地表1センチが5・6マイクロシーベルト/時と、除染が済んだAエリアより高い線量があることがわかった。しかも駅前に、5マイクロシーベルト/時というホットスポットすらあったのだ。

今もそうだが、困った時、不安になった時、道子は青木と電話で話す。時に、ふいに心細くなることがある。たとえば娘はまだ幼いから、不満を率直に口に出す。

「私だけなんだよね。なんで、みんなと同じの、食べられないの?」

小さな胸を痛めている娘を前に、たまらない思いに襲われる。そんな時だ、青木に電話するのは。青木の声を聞くと、すぐに落ち着く。そうして「大丈夫、私は間違っていない」と言い聞かせ、娘をぎゅっと抱きしめる。

「お友達と一緒にさせてあげられなくて、本当にごめんね。でもね、あんたが大好きだから、ママは安心なものを食べてほしいんだよ」

青木は道子に言った。

「梁川は0・2ぐらいで、小国よりはぐっと低い。高いところもあるけど、そこを避けるようにして暮らせばなんとかなるかな」

そのやさしさに、励まされたような思いだった。青木はここで暮らすしかないことをわかった上で、できる限りのサポートを申し出る。道子は何かが吹っ切れた気がした。

「とにかく、気をつけて生活をする。それでなんとか、よしとしよう」

給食のごはんを食べないことで、子どもたちが教室で孤立することもわかっている。でも、ここだけは譲れない。みんながあたたかいごはんを食べているのにかわいそうだからと、冬場は弁当箱の上に使い捨てカイロを乗せて持たせた。道子は舌を出して笑う。

「ちっとも効果なかったって。『ママ、食べる頃には冷たくなってる』って。ほんと、私って、だめだよねー」

精一杯の母心が、そこにある。

道子はフクロウの会の青木が行っている検査には、できるだけ申し込むようにしている。2011年11月と、1年後の2012年11月に行われたハウスダスト検査もそうだ。掃除機のゴミパックに注目したもので、中に溜まった埃を採取して、家の中にどれだけのセシウムが存在するのかを調べるという検査だ。

道子は、避難先の梁川のマンションと小国の家の二つのゴミパックを提供した。そして、そのどちらからも、セシウムは検出された。

梁川のマンションのゴミパックには(12年7月から11月までの間)、セシウム134が646ベクレル／キログラム、セシウム137が924ベクレル／キログラムで、合計1570ベクレル／キログラムの濃度のセシウムを含んだ埃が蓄積していた。

ベクレルとは、放射線を発生している放射性物質からどれくらいの放射線が出ているかの単位で、1ベクレルは1秒間に1本放射線が出ていることになる。ゴミパックの中から検出されたセシウムの数値は、室内に漂う埃にも、それだけの放射線を出すセシウムが存在していることを示していた。

小国の早瀬家のデータは、青木にとっても示唆に富んだものとなった。2011年11月の測定では5180ベクレル／キログラムだったが、翌年の11月には9760ベクレル／キログラムと、倍近くにも跳ね上がったのだ。道子は言う。

「私たちが避難した後も、ばあちゃんには『窓は開けちゃだめだよ』って言っておいたんだけど、次の年ぐらいから、平気で開けっ放しにして暮らすようになったんだよね」

青木も、こう分析する。

「おばあちゃんひとりの生活だから、人の出入りによる持ち込みは、以前ほど大きくないはず。したがって、屋内のセシウム濃度の増加は、窓からの土埃の侵入と考えられる。このデータが示すのは、周辺の汚染が高いところでは窓を締め切り、屋外の土埃の侵入を防ぐことが大事だということですね」

青木によれば屋内のセシウム濃度が上がるのは窓などからの土埃の侵入と、衣服・頭髪・靴底などからの持ち込みの2種類があるという。こうして呼吸により、セシウムが体内に摂取される。青木は言う。

「空気中の埃からの吸い込みも、要注意なんです。粒径の小さい粒子は肺の奥まで侵入する。放射線医学総合研究所が公開している放射性物質の残留率データを見ると、セシウム137の尿からの排出率では経口摂取に比べて、吸入摂取のほうが約10分の1程度かそれ以上、遅い場合がある。食べ物など口から入ったものより、吸い込んで肺に入ったものは排出されにくいのです」

２０１２年12月3日、初めて伊達市放射能対策課を訪ねた日。除染対策担当の半澤隆宏は断言した。

「放射線は動きません。風でなんて動かないし、飛んでなんてこない。周囲からセシウムが飛んでくるなんて間違いですよ。基本的に動くとか、ないですから」

ゴミパックの中からセシウムが現に検出されていることを提示すると、半澤は色めき立った。

「セシウムは、泥とか土とかに吸着してるんです。ものすごい量のセシウムが移動しているとなると、大問題ですよ。今のあなたの言い方は除染の手法、考え方を根本的に覆す重大なことですよ」

福島第一原発事故由来のセシウムがこうして、家庭のゴミパックの中から現に検出されているにもかかわらず、伊達市の除染は吸入による内部被ばくを想定していない。

道子がさまざまな検査を行うのは、強い意思があってのことだ。

「私は子どもの健康状態の『事実』を知りたい。知れば悲しいんだけど、それが事実なんだから、そこから前向きに考えるようにしていきたい。目を背けるのではなく。だって、現に放射能を浴びちゃっているわけだから。だったら、できる限り減らしていい方向へ進めるような努力をしていきたい」

腱鞘炎《けんしょうえん》になるほど毎日、家の拭き掃除を行うのも、家の中の埃を可能な限り減らすためだ。家に入る前に服の埃などをはたくなどの結果、ゴミパックにあったセシウムは1500ベクレルという数値から、500ベクレルまでに減少した。

「何年か後に、このデータが子どもたちの役に立ってくれるだろうという思いがあるんです。もしかしたら10年後か20年後に被ばく手帳を出すとなったとして、その時に親が死んでいても、どういう状態だったのか、子どもたちの被ばくの状態を示すデータがあれば、それが役に立つわけだから」

子どもたちが口に入れるものには細心の注意を払っているが、最近はよく友達の家で「庭になっているトマトを食べた」とか「梁川のきゅうりが出た」と報告してくる。

「それが今の一番の悩み。大きくなれば行動範囲も広がるし、その家で出されるものは拒否できない。成長すればするほど、目をつぶらなければならないものが増えてくる。青木さんが言うように、それが、住んでいるってことなんだよね」

3　除染縮小の方向へ

2013年9月、「除染元年」の翌年でありながら、伊達市は市内の7割を占めるCエリアにおいて、生活圏の全面除染はやらないと明確に打ち出す。26日発行の「だて復興・再生ニュース」6号の市長メッセージは、除染がテーマだ。

〈Cエリアでも、市民の一部にAエリア並みの徹底した除染を望む声もあると聞いておりますが、基本的に年間5ミリシーベルト以下であって、放射能被ばく対策は迅速であらねばならないことからもホットスポットの除去を迅速に行うことが現実的であると考えております。(中略) いわゆる「追加除染」を行うことが市全体の益になると考えており、具体的には農地や中山間地の森林などではないかと考えております。現在作業中のB、Cエリアについて今年中に除染を終え、来年から新たな取り組みに入りたいものと考えております〉

Cエリアの宅地より、森林や農地の方が「益」があると仁志田市長は明言するのだ。しかもこの時点で、除染先進都市は除染を終息させることを考えているとサラリと語るわけだ。

同じ号に掲載されている、多田順一郎の名物コラムのテーマも除染だ。題して、「ホットスポットの除染」。

〈Cエリアの放射線の強さは、1時間に0・5マイクロシーベルト程度で、このレベルの自然放射線を受ける地方は世界中のあちこちにあり、人々は健康に暮らしています。ですからこのまま除染をしなくても、Cエリアでは健康に影響を及ぼさないでしょう〉

ではなぜ、国は除染基準を毎時0・23マイクロシーベルトにしているのか。その基準より、Cエリアははるかに線量が高いことを重々承知の上で、多田はこう言うわけだ。

さらに多田は、「情け深い専門家」の顔を意識した上で、残酷な結論を提示するのだ。

〈ホットスポットがあっても、そこにお住まいの方が受ける放射線の量に影響しないことは、Cエリアのガラスバッジによる測定で確かめられています。しかし、ホットスポットがあると知りながら放置しておくのは、やはり気持ち悪いのが人情です。そこで、伊達市では、母屋周囲で地表面から1センチの放射線の強さが1時間に3マイクロシーベルト以上のホットスポットを、測定で確認しながら業者に除去させることにしました。なお、これより弱いホットスポットは、地表面から1メートルの高さの空間線量率に影響しません〉

何につけ使われる、ガラスバッジデータ。除染をしなくて済む、根拠として。

何より重要なのは、ここで初めてCエリアのホットスポット除染に、「基準」が登場したことだ。日本全国どこにもない、除染基準。これは多田が決めたものなのか、それともICRPが決めたものなのか。

住民にとって死活問題とも言える重要な「基準」が、どのような人たちが参加した会議で、どのような話し合いのもと、どのような根拠に基づいて定められたのか、公になっている記録は何もない。

地表1センチで、3マイクロシーベルト／時。通常、地上1メートルの空間線量で判断するが、Cエリアは地表1センチ、3マイクロ以下ならば除染はしないという。こんな勝手な基準を作って、国のガイドラインで言えば除染対象でありながら、生活圏の除染をしなかった自治体は伊達市だけだ。

そして多田は、コラムをこう締めくくるのだ。

〈除染からは、何一つ新しい価値が生まれませんので、除染作業は一日も早く終えて、将来に役立つ町づくりに努めようではありませんか〉

事実上の、除染終了宣言だった。他の市町村ではこれから除染を本格的に進めていこうという時期に、伊達市では市内の7割の地域を「そのままにしておいて」除染を終わらせようとしているのだ。

早く始めて、早く終わる――伊達市の放射能対策責任者、半澤隆宏から何度も聞いた言葉だ。これが、除染先進都市のあるべき姿なのか。

市内約2万2000世帯のうち、全面除染をしたのはAエリアの約2500世帯のみだ。市内の1割の住宅の除染しか終えていない段階で、市長も市幹部も市政アドバイザーも、「除染はもういいだろう」とばかり、終息の方向に舵《かじ》を切る。

4　利用されるガラスバッジデータ

全市民が1年間、ガラスバッジをつけて「実験台」となった計測の正式な結果が発表されたのは、11月28日発行の「だて復興・再生ニュース」8号においてだった。

表や円グラフや棒グラフ、折れ線グラフなどを多用し、一見、多角的な分析結果が市民に向けて示される。

最初に結論が提示される。

〈市民全体の年間被ばく線量の平均値　0・89ミリシーベルト〉

〈線量区分では、年間1ミリシーベルト未満が66・3%と最も多く、次いで1～2ミリシーベルト未満が28・1%、2～3ミリシーベルト未満は4・4%となりました〉

〈地域毎《ごと》での年間被ばく線量の分布から、1ミリシーベルト未満の割合が最も多いのは梁川地域で88・2%でした。最も少ない月舘地域では33・2%でした〉


なぜ、平均値を出すのか。その意味がわからない。たとえば、月舘地域では年間1ミリシーベルトを超える人たちが約67%、霊山地域でも約56%いるのに、そうした事実よりも、市民全体の追加被ばく線量の平均値＝「0・89」という数字をまず、市民に示すのだ。その上で、こう結論づける。

〈市全域（平均）から、国が示す予測値より、ガラスバッジ測定実測値による年間追加被ばく線量は少ないことが確認できました〉


まさに結論ありき、これを言わんがための計測だったとしか思えない。国の基準より緩くて大丈夫なのだということが、全市民への調査で判明したのだと言いたいわけだ。

これこそ、この実験において最も大きな意味をもつものだ。

この結果を踏まえて、市長は「個人別被ばく管理の重要性とガラスバッジ」と題してこう語る。

〈これまでも、国は「個人の追加被ばく限度を、長期的には年間1ミリシーベルトを目標とする」とし、それを達成するには空間線量に換算すると、1時間あたり0・23マイクロシーベルトであると説明してきました。

そのため、本来のガラスバッジによる累積線量ではなく、より測定し易く、すぐ数値が確認できる空間線量の数値が一人歩きし、長期的目標である1ミリシーベルトに相当する「0・23マイクロシーベルト」が安全安心の目標のようになってしまい、「それ以下まで除染しなければ、帰還はできない。安心できない」などと受け取られてしまっているのが現実でした〉

伊達市は除染の目標値として設定されている、「0・23マイクロシーベルト／時」という数値に、正面から異議を申し立てる。

市民1年間の積算追加線量というビッグデータを得た伊達市は、さらに踏み込む。

〈……伊達市全体としても心配な数値ではないことはもちろん、空間線量が0・5マイクロシーベルト程度であっても個人の累積被ばく線量は年間1ミリシーベルトを超えないこと、つまり0・23マイクロシーベルトの2倍以上の線量があっても目標は達成で

きているということが分かりました〉

国が除染の目標と定め、年間1ミリシーベルトという追加被ばくの線量にあたる、0・23マイクロシーベルト／時への真っ向からの否定だ。その2倍の空間線量であっても、年間1ミリシーベルトには至らないと伊達市は言う。これが、ガラスバッジの実測値で得た結論なのだと。一自治体の「実験」が、被ばくから人々を守る基準値をより緩い方向へ動かそうとしている。

そもそも根拠となっているガラスバッジを、被ばくの自己管理に使うことが妥当なのか。ガラスバッジとは万能の測定機器なのか。

早瀬道子が頼りにしているフクロウの会の青木一政が、ガラスバッジのそもそもの使われ方を教えてくれた。

「ガラスバッジは、放射線業務従事者の被ばく管理に使うものですから、身体の正面から受ける放射線しか想定していません。基本、自分の前に放射線源があって、作業を行うわけですので。ですから、ガラスバッジは福島のように、全方向から放射線を浴びる環境は想定されていないんです。後ろとか横からの放射線は、身体が遮蔽体となって拾えない。だから空間線量より低く出ることになります」

２０１５年１月、伊達市議会ではガラスバッジに疑問を抱き、専門家の意見を傾聴することとなった。

1月15日、伊達市議会議員政策討論会の場に、フクロウの会の青木一政と、ガラスバッジメーカー千代田テクノルの執行役員・線量計測事業本部副本部長、佐藤典仁を講師として招き、それぞれの講演の後に質疑応答が行われた。

（高橋一由議員）「ガラスバッジは放射線の入射する方向により、身体の遮蔽により低く出るという報告があるが、実際のところ、どうなのか」

（佐藤典仁）「ガラスバッジは放射線管理区域で使うもので、福島のような全方向照射では30％低く出ることをきちんと考えず配布した。……事故直後の混乱時期に、安全を売り物にする企業として、福島の方々に少しでも役立てばと思ってガラスバッジを使ったのですが、配慮が足りなかった。……（ただ）30％低く出ても、実効線量と同等だった」

実効線量――、私が半澤に何度も煙に巻かれた用語だ。伊達市は一貫して、「実効線量」を拠《よ》りどころとしている。空間線量より、個人の実効線量で見ていくのだと。

実効線量とは一体、どういうものなのか。青木は言う。

「人の臓器、組織ごとに、被ばく量を計算した数値が実効線量なのです。この実効線量を出すために、組織や臓器ごとに組織荷重係数という換算係数があります。肝臓はいくつで、甲状腺はいくつと。だけど現実に考えて、どうやって厳密に、組織荷重係数が測定できますか？　できるわけがないんですよ。はっきり言って、バーチャル（仮想）なんです。このバーチャルな条件を入れてコンピューターではじき出される数値が、実効線量なんです」

空間線量ではなく、なぜ、そのバーチャルだという実効線量を持ち出すのだろう。青木はさらに言う。

「実効線量は、個人の線量です。たとえばガラスバッジを使う放射線業務従事者の場合、管理の目標値は実効線量なのですが、その根拠となる測定は、空間線量で行っているんです。放射線作業従事者はそれによって対価を得るメリットがあって、作業を行っています。しかし、一般市民には、被ばくによるメリットが何もない。そうした人たちに、空間線量ではなく実効線量という個人の線量だけで大丈夫だと言えるのか」

千代田テクノルへの質問はさらに続く。手を挙げたのは、小国のＡＤＲで身体を張って闘っている菅野喜明だ。

（菅野喜明）「それは、子どもの条件で確認したのか」

（佐藤典仁）「やっていません。というか実は子どものファントム（検証用の人体模型）を、どのようなものにすべきかも決まっていない」

ガラスバッジが放射線管理区域で働く人間を想定したものである以上、子どもは最初から対象外だ。そのガラスバッジを子どもにつけさせて、その不確かなデータを根拠に安心だと判断されているわけだ。

そもそも空間線量より低く出るデータを根拠に、0・23マイクロシーベルト／時という基準を緩和しようとすること自体、極めて乱暴なことだ。人の健康に関わることだというのに、伊達市は「実効線量」を盾に揺るがない。

しかも、このデータの明示の仕方自体にも問題があると、青木は言う。

「ガラスバッジは低めに検出することに加え、伊達市は平均値だけを示しています。そこに、個人のばらつきは考慮されていない。ばらつきを無視した平均化は、少数者の切り捨てです」

5 「どこでもドア」があれば

2012年の夏以来、保原町の川崎家の食卓では海藻が欠かせないものとなった。長女の詩織は食事の時だけでなく、味付け海苔を口に入れるのが習慣となっていた。

甲状腺の血液検査で、基準値範囲が「0・0〜32・7」という「サイログロブリン」が、166・1という非常に高い値を示したが、その年の冬の検査では71・6に下がり、真理はほっと胸をなで下ろした。しかし、6年生進級を目前にした2013年4月の血液検査で、270・6という驚くほど高い数値に跳ね上がる。

「下がってよかったって思っていたのに、この数字を見た時はショックでした。ああ、この子、がんになっちゃうのかなって。徐々に、がんになっていく宣告を受けてしまったような思いでした」

医師もさすがにこの数値は驚きだったようで、「チラージン」という薬が詩織に処方されることとなった。

「娘、高いんだ、高いんだ。どうしよう、どうしよう」

真理は周囲の人に、苦しい胸のうちを打ち明けまくった。呪文のように、口から苦しみが零《こぼ》れ出る。どうしていいかわからなかった。じっとしていられない。のたうち回っても、胸をかきむしっても、どうしようもない。

「娘は、一心不乱に海藻を食べるんです。本当に、親としてつらかったです。せっかく生まれてきてくれた子です。こんなことで、つらい思いをさせたくない。何より、失いたくない。どうしてよりによって、うちの娘がこうなるんだって、ショックでたまらなかったです。私、見てますから、この目でエコー画像を。すごいんです、まさに蜂の巣なんです。そして異様に高い数値なんです」

あれは何度目の取材だったろう。中学2年になった詩織が、真理への取材中も居間にとどまっていた。ボーイッシュで、まだ幼さが残る、ショートカットのほっそりとした少女。はにかんだ笑顔がとてもかわいらしい。

宿題をしながらまるで、「お母さん、どんな話をしてるのかな?」とばかり、素直な好奇心そのままに話を聞いているようだった。詩織もなんとなく会話に加わったその時、担当編集者が彼女に聞いた。

「『わたし、死んじゃうのかな?』と思いました?」

私には発することができない質問だった。目の前の女の子はためらうことなく、素直に答えた。

「はい、思いました」

ふわっとした、やわらかな声。瞬間、胸がぎゅっと押しつぶされた。彼女はきっぱりとそう答えたのだ。小学5年生の時に自分の死を現実のものとして思ったと、目の前の少女が語っていた。さらに編集者は聞いた。

「『わたし、死んじゃうの?』って、お母さんに聞きましたか?」

「それは、聞いてないです」

「死んじゃうかもと思って、眠れなくなりましたか？」

「それは、なかったです」

その一言で、部屋の空気がほっと和む。せめて、そうであったならよかったと。

真理は言う。

「本当に、この子、かわいそうだなーって思うけれど、毎回の血液検査も嫌なんだけど、『ごめんね、でも自分のためにやっていくしかないんだよ』って声をかけてやらせました。もし、異常があった時、少しでも早く発見され、治療できればいいわけですから」

結局、サイログロブリンの値はその時が最高で、上がったり下がったりを繰り返しながら、中2の今は正常値近くにまで下がってきている。今は少し胸をなで下ろしているが、あの時に真理を苦しめたのは数値の異常な高さだけでなく、医師から決まって言われた言葉だ。主治医もそうだが、かかりつけの小児科医も、これは「遺伝」だと断定する。

「病院では、ずっと遺伝だって言われ続けています。だから原発事故とは、何も関係がないのだと」

それほどまでに遺伝だというのならと、真理も真理の実母も甲状腺エコー検査を受けた。

「遺伝なら、私も蜂の巣状のはずじゃないですか。私の母だってそう。でも検査の結果、私は嚢胞が二つあっただけ、母も年齢相応の嚢胞があるだけで、蜂の巣状ではなかった。医者は『遺伝じゃないみたいだね』と言ったけれど、それでも原発のせいではないと言う。じゃあ、この子が持っている、もともとの体質が蜂の巣状なのか。それは永遠にわからない。私が一番知りたいのはそこなんです。震災前の娘の甲状腺の状態です。もともとそうなら、事故とは関係ないんだから、そんなに心配することはないんだと安心できます」

事故当時、18歳以下だった子どもに行われている県民健康調査の甲状腺検査では、1巡目（2011～13年度）の先行検査で116人、2巡目（2014～15年度）の本格検査で68人に「がんないしがんの疑い」が出ているが（2019年段階で230人）、県も県立医大も原発事故との因果関係を否定し、スクリーニング効果で将来がんになる患者を早めに発見しているという姿勢を今でも崩さない。あるいは、手術は過剰医療だと。そうであるならば、長女もスクリーニング効果の表れなのか。

真理の苦しみは、ひとえにそこにある。

「原発事故前の娘のデータを知れば、安心できます。この子はこういう子なんだってわかるから。でもいきなり放射能が降ってきて、その結果、異常な数値になっているのなら話は別です。これだけ甲状腺がんの子どもが出ていても、医大は大丈夫だの一点張り。娘だって、これだけ異常な値であっても、何でもない範囲だと言われる」

真理は唇を噛む。

「さっき、私がつらかったと話しましたが、私なんかより、娘の方がひどかったと思う。とんでもないつらさを、娘に味わわせてしまった。原発事故がなければ、こんな気持ちを味わうこともなかったのに。『わたし、死んじゃうかも』なんて、思わなくていいんだから」

ドラえもんの「どこでもドア」が欲しいと、真理はひたすら願う。

「どこでもドアで原発事故の前に戻って、私は娘の甲状腺を調べたいんです。この間、娘のことで強く感じたのは、何かを隠されているっていうことです。通知1枚でほったらかしにされて、病気になっても、原発は関係ないってそれで終わり。今や、伊達市は『安心・安全』ばっかり。ここで暮らすつもりなら従えと。もう、事故なんて終わっちゃったというように」

普段はおっとりと穏やかな真理が、強い意思をたたえた眼差しをまっすぐ向け、きっぱりと言った。

「今、全国で原発周辺に住んでいる人たちは、子どもの甲状腺エコーと血液検査をしておいてほしい。そうすれば、私たちのように、何かを隠されたままにならなくて済むから」

6　選挙前の「変心」

２０１４年は、市長選とともに明けた。

「伊達市長、選挙前の変心」

１月18日、「朝日新聞」全国版朝刊４面にこんな見出しが踊った。

〈……仁志田昇司市長（69）は８日、「全戸除染を標榜《ひょうぼう》する候補予定者に納得する有権者も増えているのに、我々の考えを押し通すのもどうか」と、１ミリ以下の住宅を含む市内全戸を除染対象にする考えを示した〉

この選挙戦告示直前に、Ｃエリア住民を対象としたアンケート用紙が、Ｃエリア全戸に配布された。そこには、こう記されていた。

〈Ｃエリアにつきましては、全体的に線量が低い地域でありますので、局所的に線量の高い「ホットスポット」の除去を中心とした作業を行っております。（中略）

しかしながら、このような「ホットスポット」の除去のみでは不安であるとの声が寄せられております。したがいまして、新たな対策を実施するため、Cエリアの皆さまに今後どのような放射能対策を望まれているのか調査することといたしました〉

後に、このアンケートはあくまで選挙対策のためであって、Cエリア住民の「不安」除去のためのものではなかったことが明らかになるが、この時点で、多くのCエリア住民ははっきりと思った。伊達市はCエリアでもAとBと同様、宅地を面的に除染すると考え直しているのだ！

娘の甲状腺に悩む川崎真理も、まさにそう捉えた。

「伊達市はCエリアの除染はやらないと言ってたけど、やるんだなと思った。だって、どのような対応を希望するかを聞いてきているから。だから、この時に全面除染をやってもらおうと思って、がんばって書いたんです」

真理がCエリアはホットスポットしか除染しないことを知ったのは、広報誌の市長メッセージではなく、前年9月に業者が除染のためのモニタリングに来た時だった。

「業者に『3、ないよ。3以上のとこだけ、除染するから』って言われて、いつから変わったのかとびっくりした」

市政アドバイザーの多田順一郎が決めたのかどうか定かではないが、Cエリアは地表で毎時3マイクロシーベルト以上のところだけを、「ホットスポット除染」することになっていた。しかし、住民の感覚には「ホットスポット」などない。生活圏すべてに放射性物質が降り注いだ以上、すべて取り除いてもらうのは当然だという考えだ。真理も言う。

「私、ずっと順番だと思っていたから。高いところからやっていくって。ABCは順番だよねって。それはみんな、そう思っていた」

真理はガス検針の仕事で、AエリアもBエリアも担当だったため、それぞれの除染もなんとなく目にしていたし、Bエリアでは住人ともよく話をした。

2013年9月9日、川崎家の「Cエリア2次モニタリング」の記録には、このような数字が並ぶ。

「0・63、0・55、0・51、0・45、0・43、0・51、0・49」

これは、家の周囲の地上1メートルの空間線量だ。国の除染基準ならすべて除染対象となる数値だ。

「Bエリアのその家は、0・5で除染してもらっていました。その時、うちは0・6あった。うちの方が線量は高いし、子どももいる。その家の人も疑問に思ってくれていた。でも、『いずれ、Cエリアもやってもらえる』って思っているから、Bエリアの人たち、いろいろアドバイスをくれるんです」

「その日は仕事を休んででも立ち会った方がいい」「何も言わないと適当にやられる」

等々は、Bエリアの住人から真理が受けたアドバイスだ。

「玄関の前、物置の雨樋の下が地表で2・8マイクロだったんです。『ここは、子どもが毎日通る場所だから除染してください』と言ったら、工事の人、『ほんとはダメなんだけど、特別だよ』とその上に砂利を敷いて帰った」

その後、真理はその表面の砂利の下にある2・8マイクロを発する土壌を自分で取り払い、きれいな砂利をかぶせた。

これが紛れもない住民感情なのに、市長直轄理事兼放射能対策政策監となった半澤隆宏は真っ向から否定した。

「2012年の8月に『除染実施計画』第2版を出した時に、スポット除染を打ち出しているんですよ。その時にCエリアを回って説明して、それでいいとなったんですよ。だから『Aやって、Bやって、Cだね』なんて思っている人は、2011年と2012年の時には誰もいなかったって、私、断言します。Cの人は『高いとこは、かわいそうだない。うちはやんなくていいから。どうせ、自然に下がっていくもんね』って言ってたんですよ」

「自然に下がる」などと、住民が普通に思うだろうか。放射能の半減期や自然減衰などを肌感覚でわかっている住民がどれほどいるというのだろう。

半澤は、さらに語気を強めた。

「『AやってBやって、次にCだ』なんて思っている人は、いませんでしたから。これは絶対です。断言します」

梁川地区が地元である市議、中村正明に尋ねたところ、この半澤の発言に大きく頭を振った。

「とんでもない。Cエリアは、いずれはAやBと同じように除染されるというのが、住民の認識ですよ。どこに行っても、こう言われるんです。『なんで、（除染）やんねんだい（しないんだい）？』『いつになったら、Cエリアはやんだい？』って。梁川や保原の人は大人しいんですよ。我慢している、抑えているだけなんです」

Cエリアの住人が希望を託したアンケートだったが、回答の締め切りは2月10日。市長選は1月26日、とっくに選挙の結果が出ている日程が設定されていた。しかも、このアンケート結果が公表されたのは、4月24日発行の「だて復興・再生ニュース」13号紙上。

年度も変わった、3ヶ月も後のことになる。

何のために行われたアンケートだったのか。市長選を有利に進めるために、「Cエリアも除染するんだ」と、多くの市民が「誤解」してくれることを期待してのものだったのか。

この後、「公約違反だ」と多くの批判が伊達市に渦巻くことになるのだが、それはあまりに当然のことだった。

アンケート用紙をCエリア住民が受け取った直後、幕を開けた市長選で、仁志田市長はこう公約を掲げた。

〈Cエリアも除染して復興を加速。協働の力で「健幸都市」をさらに前進させます〉

「Cエリアも」という表現。これはCも、AやBと同じような除染が想定されていると理解するのが、素直な文意の取り方ではないか。

さらに、こうある。

〈Cエリアを除染して、放射能災害からの復興を加速〉

Cエリア住民は、仁志田市長に希望を託した。

1月26日、仁志田市長は対立候補の高橋一由元市議を約3000票差で破り、3選を果たした。

対立候補の応援に回った市議、中村正明は2016年秋の取材でこのように振り返った。

「勝てなかったのは悔しかった。だけど、高橋さんと話したんですよ。『市長も考えを変えたからよかったね。Cエリア除染を獲得できたから、選挙を闘った甲斐《かい》があった』と。本当にあの時は、そう思ったんです。それが選挙から3年経っても、宅地の面的除染は行われない。宅地をやらないで側溝をやっている。これから農地や道路も始まるでしょう」

「Cエリアも除染して」と掲げたにもかかわらず面的除染をしなかったことについて、対応した半澤はばっさりと切り捨てた。市長選から2年後の、2016年2月1日のことだ。

「全面除染を市長が公約に掲げたと？　掲げていません。どこにも書いていません。後援会のパンフレットに『Cエリアも除染して』とは書いていますが、『Cエリアも全面除染して』とは書いてない。Cエリアも除染はするんですよ。それがホットスポット除染です。だから、それは取りようなんです」

このような姑息《こそく》なやり口で市民を騙《だま》し、意図を貫くというのが伊達市幹部の常套《じょうとう》手段であるわけだ。

7　手にした勝利

2013年2月5日に、小国地区住民を中心として原子力損害賠償紛争センターに対して行ったADRの集団和解成立は、「進行協議」といわれる非公開の法廷を中心に、審議が続いていた。事務局を担った市議、菅野喜明は言う。

「裁判官役の弁護士と東電と、我々と2ヶ月に1回、法廷を開く。7月からは我々も、発言はしないという約束で傍聴できるようになりました。進行協議は基本、東京で行われるものです」

このADRの協議は小国地区復興委員会委員長の大波栄之助も、何度か東京に足を運んで傍聴した。

「東京に出張しても、まず食堂で食わねえ。駅弁だもん。缶ビールも飲まない。立場が立場だから。住民のお金を使ったんだろうってなるから。ちゃらちゃらしたことをやってたら、何やってんだと言われる」

いつからか、勝利の兆しを感じるようにもなった。喜明は言う。

「第4回の進行協議を私と副委員長とで傍聴に行ったのですが、女性の裁判官役の弁護士が我々の窮状をつらそうな顔をして聞いていて、副委員長がこれはいけるんじゃないかと」

縁の下の力持ちの苦労も相当なものだった。

「苦労したのは、配る資料の印刷です。８０００枚、コピーをとりましたから。ニュースを出すことにしたんです。情報を共有しないといけないので。それと、1世帯ごとの資料が正確であるかのチェックも。当時、私は青年会議所の理事長もやっていたので、寝る暇がない時もありました。精神的な疲れは感じてなかった。必死だったんでしょうね。日本のために、この制度（特定避難勧奨地点）をこのまま残したらよくないって。めちゃめちゃになったコミュニティを立て直すには、とにかく勝ち取るしかないって」

大波も同じ思いだった。

「いろんな話を聞きましたよ。『だんなは毎晩、通帳をみてニヤニヤしてる』とか、『普段は出歩かない人が歯医者に通ってる』とか、『同じ車種で新車にした』とか。このまだと将来、『地点』になった人が被害者になる。最後まで、恨まれるわけだから。指定は小国の4分の1程度、多勢に無勢で、一生、『おまえはもらったんだから』と言われ続ける。この訴えがなければ、将来、『地点』になった人が、被害者になることは目に見えていた」

東電が行ってきた反論は「福島市の方が、線量が高い」ということだった。喜明が解説してくれた。

「福島市は『地点』になっていないし、避難もしていない。避難の指定を受けない限り、自主避難地域と同じだから賠償の必要はない。東電は住民にすでに慰謝料を払っている。これで十分だろう、なんでこれ以上、要求するのかと。こういう東電の主張を逐一、論破していきました」

委員会が撮影したビデオによる現地調査に続き、2013年11月13日には、舞台を東京から福島市に移し、小国の住民10人への口頭審理が行われた。

実はこの10人の中に、高橋徹郎もいた。私の同級生である、高橋佐枝子の夫だ。徹郎は言う。

「私が最後の証人だった。東電の代理人が、こだごと（こんなこと）、言ってきたんだ。ふざけてんだ」

今も思い出すと、はらわたが煮えくり返る。年配の女性弁護士はおもむろに、こう質問したのだ。

「あなたはお金が出たら、車を買うんですか?」

聞いた瞬間、ぷちっと何かが徹郎の中で弾《はじ》けた。俺らの受けた苦しみ、理不尽な扱いをこうやって、東電はせせら笑う。所詮、金が欲しいだけなんだろうと小バカにする。ふざけんな。お前らに何がわかるか。やけ酒も増えたし、体調もおかしくなった。そこまで追い詰めたのは、どこのどいつだ！　自分だけならまだしも、子どもが傷つけられたんだ！

急ごしらえの法廷で、徹郎は吠えた。

「ちょっと待て。このばばあ。何、言ってんだ！　ふざげだごと、言ってんなよ！」

終了後、徹郎は大波に謝った。

「かーっとしっちまった。俺、切れたから、金は出ねかもしんねよ」

11月26日、東京で第5回進行協議を終え、審議は終了となった。

12月になり、和解案が出そうだという声が聞こえ始めていた。喜明はたまたま東京にいた。

「弁護団に用事があって上京したのですが、和解案が出そうだと聞いて、ドキドキでした。仮に賠償が出たとしても、差がついたらどうしようって。ずっと、弁護団には言い続けてきたんです。『俺は、金が欲しくてやっているわけじゃない。このコミュニティ、どうすっかでやってんだ』って」

この日、弁護士に喜明は聞いた。

「東京の景気は今、どうですか？」

「いやあ、あまりよくないですよ」

喜明は文字通り、崖っぷちにいた。

「万が一、申し立てが通らなかったら、議員は続けられないし、3000万の借金をみんなに背負わせることになる。だからその時は、東京に出て働こうと思って聞いたんですが、景気はよくないっていうし。これからどうするか。すぐに、私の選挙でしたから」

夜、ビジネスホテルにいた喜明に、弁護士から電話があった。

「出ました！　和解案。7万、一律ですよ！　すごいですよ！」

瞬間、腰が抜けそうになった。

「一律って聞いたんで、それが一番でした。満額ではない、70％ではあるけれど、それでも一律だったので本当にほっとしました。すぐに栄之助さんに電話をかけました。栄之助さんは、『おまえには、苦労かけたな』って言ってくれました。これが私の選挙の4ヶ月前。ほんと、勘弁してくださいです」

この12月20日に提示された「和解案提示理由書」には、1人月額7万円の精神的慰謝料を、特定避難勧奨地点と同じ22ヶ月間、支払うとあった。

12月28日、小国地区で集団和解申立報告集会が開かれ、住民から和解案受諾に異論がないことが確認された。

東電の回答期限は、2014年1月31日。東電は1週間の延期を上申書で申請し、2月7日、和解案を受諾した。

小国復興委員会の経過報告書は、最後をこのように締めくくる。

〈実に前年の2月5日に申し立てをしてから1年と2日かかり、準備期間を含めると約18ヶ月もの時間がかかったが、月7万円の精神的慰謝料を参加した全住民一律平等に勝ち取ることができた。100%ではなかったが、これまでもらった精神的慰謝料とは別ということで、子どもや妊婦に対しては、勧奨地点の慰謝料とほぼ同額を得ることができ、地域コミュニティー再生の一助になることができた〉

2014年6月、小国地区復興委員会は解散した。26回の会議を開いたが、懇親会などの酒宴は一度もやっていない。全メンバーが襟を正して、地域再生のために力を尽くした見事な勝利だった。獲得したのは、1000人規模で合計15億円。うち、弁護士への成功報酬5%。1人154万円を一度に手にする形となった。高橋徹郎は言う。

「喜明は本当によくやってくれた。あいつは、ほんとの意味で男だ！　これで、胸がすーっとした」

大波は淡々と話す。

「しまいには、地点だったやつらが、『おまえら、いいな。一括でもらって。そっくり、残っからいいな。おれらは毎月もらってたから、使っちゃって何にもねえ』って。これは笑い話だけど、もし負けたら、とんでもねえ。それにしても、お金の力は強いね。地獄の沙汰もってのも、こっからきてんのか」

喜明も振り返る。

「マスコミからも周りからも、金目当てとか、いろいろ言われたけど、栄之助さんはずっと言っていた。他にいい方法があったら教えてくれと。地点にならなかった人間はこのまま甘んじることができない、じっと我慢なんかしていられない、一言、言いたいことがある。だから、みんな参加した。そのやりきれないものが、慰謝料を得たことでいくらかは和らいだと思う。それでよかったと思う」

特定避難勧奨地点という、仁志田市長が「避難してもしなくてもいい、これほどいいものはない」とした制度への、明確な疑義を引き出し、ADR史上に画期的な実績を刻んだ、住民の見事な勝利だった。

8　市長、ウィーンへ行く

2014年2月20日、オーストリア・ウィーンにあるIAEA本部に、3選を果たしたばかりの仁志田市長の姿があった。この日、IAEAという国際舞台において伊達市長の講演が行われるのだ。

2月17日から21日にかけてIAEAは、「福島第一原発事故後放射線防護に関する国際専門家会議」を開催、「伊達市の放射能対策の取組みを専門家の間でも共有したい」という要請があり、その場に仁志田市長が招聘されることとなったのだ。

IAEAは国連の下部組織で、核を保有している国連安保理の常任理事国5ヶ国（アメリカ、イギリス、フランス、ロシア、中国）を含む13ヶ国の原発推進国が主導権を持つ組織だ。

その本部で行われた専門家の会議に、伊達市という、日本でも知名度が低く、原発事故でもそれほど取り上げられることもなかった一地方都市の首長が、わざわざ招かれたのだ。伊達市の放射能対策はそれだけ、原子力を推進したい人たちにとって、国際的に注目に値する試みであることを示していた。

仁志田市長は、パワーポイントを使いながら、話を進めた。田中俊一という専門家の支援を受け、いち早く除染に取り組んだことを、学校の表土除去や富成小の除染実験などのスライドを見せながら説明していく。そして伊達市独自の生活圏の除染、A、B、Cと線量の高さによって三つのエリアに分け、それぞれ手法を異にした除染について説明する。

Aエリアは約２５００世帯、工事費約１４９億円で発注、１世帯あたり６５０万円。

Bエリアは約３７００世帯、工事費約90億円、１世帯あたり２５０万円。

Cエリアは約１万６０００世帯と市内の約７割を占め、工事費は10億円、１世帯あたり６万円。


世界中が注目する国際舞台の場で、この日、仁志田市長はこのような数字を列挙した。Aエリアはともかく、BエリアとCエリアの工事費用について、この段階で公表してはいけない数字を堂々と打ち出していることに注目していただきたい。これは後述するが、市民の知る由のない水面下で、伊達市が国から交付された除染費用に、小細工を行っていた事実がある。


仁志田市長はIAEAの専門家を前に、敢えて「除染の問題点」について言及する。

「除染をしても、市民の気持ちの中の『安全と安心』はイコールではないということです。我々の経験で言えば、線量の高低に関係なく除染を徹底したかどうか、一生懸命やってくれたかどうかによって市民は安心するという傾向にあり、特に子どもを持つ母親、孫を持つ祖父母は『全面的な除染をしてもらわないと安心できない』ということでありました。低線量のCエリアほど、不安の声が大きいということです。もっと除染してほしいという声です。その必要はないのですが、そのような声が多く困惑しています」

のちの、心配だと思う心を除染する「心の除染」へとつながる考えを堂々と披露するわけだ。

さらに、仁志田市長は全市民にガラスバッジを1年間装着させ、実測値を得た上で明らかになった「事実」を得々と述べる。

「空間線量と実測被ばく線量の関係は、国の計算の2分の1であったということです。つまり年間1ミリシーベルトになるには、空間線量で0・23マイクロシーベルトであるということでしたが、実際はその2倍くらいあっても1ミリシーベルトを超えないというデータが得られました」

講演の最後を、仁志田市長はＩＡＥＡへの要望で締めくくる。

「放射能に対する健康管理上の基準が明確でないため、市民の気持ちの中で、『安全イコール安心』になっていないということであり、我が国も1ミリシーベルトを長期的な目標とするということだけで、現実的な基準を出しておらず、これが混乱の原因となって、避難している人の帰還などに悪影響を及ぼしていると考えられます。

そこで、たとえば安全基準は当面年間5ミリシーベルトなら許容して良いというようなことをＩＡＥＡとして具体的に教示いただければ有難いと思っています」

市内を線量の高低で3区分した実験的除染を行う当事者として、全市民の1年間のガラスバッジ装着の実測値を持つ首長として、仁志田市長は原子力の国際機関に、基準値の緩和を正面から要請した。

9　交付金の奇妙な変更

仁志田市長がウィーンで過ごしていた頃、伊達市では水面下でおかしな動きが起きていた。それが先ほど指摘した、除染交付金を巡るものだった。

第2部で述べたように、私は福島県と伊達市の両方に、２０１１年度から２０１６年度までの期間における、伊達市についての除染対策事業交付金の関連資料一式を情報公開請求した。

市町村が主体となって行う除染事業に関わる予算は、国から県の基金に一旦、プールされ、そこから市町村に下りていくという流れになっている。

逆から見れば、市町村が除染費用を得るためには、まず、「除染対策事業交付金交付申請書」を県に出さなければならない。申請書には除染の対象を明示し、除染対策事業の実施計画書と歳入歳出予算（見込み）を添付し、その内訳を示した上で、必要な金額を示す。

この申請書を検討した上で県は、「除染対策事業交付金交付決定通知書」を市町村に発行し、これで交付金が認められたことになる。

予算が通ったことでようやく除染が開始されるのだが、当然のことながら当座の資金が必要になってくる。そこで市町村は県に、「除染対策事業交付金概算払請求書」というものを出して、決定した交付金の中から必要な金額を前払いの形で受け取ることができる。「概算払」というのは、そういうことだ。概算払いの請求書を受け取った県は、その請求を承認して、請求金額を市町村に支払う。

お役所仕事なので堅苦しい用語ばかりが続くが、伊達市が水面下で何をどう細工したかを摑《つか》むためには、この流れの把握が欠かせないので、お付き合い願いたい。ともあれ、これが除染費用を巡る一連の流れとなる。

除染事業が年度をまたぐ場合は（そもそも除染自体、年度で完結するものではない）、市町村が「除染対策事業交付金繰越承認申請書」を県に出し、事業は次の年度も継続して行われる。

除染工事が終われば、市町村は「除染対策事業完了報告書」「除染対策事業実績報告書」を県に提出しなければならない。県はそれらの内容を確認して、「除染対策事業交付金確定通知書」を発行する。市町村は概算払いで受領した金額を引いた差額を、県に

「除染対策事業交付金交付請求書」として請求し、交付決定された全額が支払われる。途中、「除染対策事業変更承認申請」という、一度決まった交付金について市町村側から変更の申請ができるということも、この流れには含まれる。

この一連の流れが、除染事業の一つひとつについて行われるのだ。

たとえば伊達市の2012年度のファイルを見てみると、「Aエリア生活圏除染」「Bエリア生活圏除染」「伊達市保原プール除染」「保原工業団地除染」「やながわ希望の森公園除染」「上保原認定こども園除染」等、この年度は24の除染事業が行われている。

開示されたファイルの厚みを見れば、どの年に除染が盛んに行われているかが一目でわかる。

伊達市の除染事業に関しては、事故の翌年の2012年度が最多で、除染最盛期と位置付けることができる。以降、「Cエリア除染」から始まる2013年度は15の事業に止まり、2014年度と2015年度はともに11事業だ。原発事故の年である2011年度は、二つの除染事業を行ったのみである。

驚くべきことに、福島県と伊達市が開示した資料には、大きな違いがあった。福島県が開示した資料は申請から決定、概算払請求、完了報告書と交付金決定通知書まで一連の書類がすべて入っていたが、伊達市が開示したものには「概算払」関連資料が一切、入っていなかった。「概算払」は、実質、除染事業が動いていることを示す一つの証でもある。伊達市はこれを省いたものを、情報開示請求の求めに応じて開示した。

これは一体、何を意味するのか。

情報公開請求になんらかの「意図」を挿入し、行政当局の都合のいいように「操作」が加えられたとしたら、大きな問題ではないか。

この点について、２０１６年11月、半澤隆宏に尋ねたところ、こう返ってきた。

「別に、意識して出さないってことはないですよ。たまたまなんじゃないですか？」

こちらは、除染交付金に関する「資料一式」と明記して、請求したのだ。

「概算払いなんか、必要ないいんじゃないかと考えていたんじゃないの？」

そうだとすれば、誰がそう判断したのか。公文書の恣意的な操作ではないか。

では、こうした除染交付金を巡る手続き上の流れを念頭においた上で、市長不在の間に行われた二つの動きを見ていこう。

２０１４年2月17日、まず動いたのがＣエリアだった。

Ｃエリア除染を巡る、伊達市から出された交付金申請額は約64億円というものだった。

これは前年の２０１３年４月１日に申請され、６月28日に交付金交付決定通知書が県から伊達市に発行され、この金額をCエリア除染に当てていいということになっていた。

ところが、IAEAで市長講演が行われる3日前の日付で、Cエリア除染について「変更承認申請書」が、伊達市から県に提出されたのだ。約64億円という金額を、約8億円にするというのが変更承認申請の中身だった。約55億8000万円もの額を「使わない」と返納することにしたのだ。

思い出してほしい。市長のウィーンでの講演で、市長が示したスライド画像にはこう書かれていた。

「Cエリア、工事費は10億円」

市長がウィーンに出発する前に、このスライドは幹部たちの手によって作られていたはずだ。すでに64億円をここまで減額することは、織り込み済みのことだったのだ。

繰り返すが、私は県と伊達市に同じものの情報公開請求を行った。県に提出された変更承認申請書である以上、同じ文書が開示されてしかるべきだ。

しかし、県が開示した申請書に書かれている申請者は、「伊達市長職務代理者　副市長　鴫原《しぎはら》貞男」。

一方、書類番号も同じ、文面も全く同じ申請書類でありながら、伊達市が開示した変更承認申請書の申請者は、「伊達市長　仁志田昇司」だ。まだ市長はこの日はウィーンに旅立っていなかったのか？　いや、それならなぜ、県が開示した書類は副市長の名になっているのか。

伊達市による公文書偽造を疑われても仕方あるまい。

ともあれ、異なる申請者の名による同じ書類のコピーが私の手にある。

Cエリアの除染に関わる一連の流れに踏み込むと、実に奇妙なことだが、この変更承認申請まで一度も、概算払い請求がなされていない。すなわち、64億という交付金は6月以来、何も動くことなく年を越し、市長選を越し、Cエリア住民アンケートの回収日も越し、この日、約8億円に減額申請されたのだ。

交付金が決定されていながら概算払い請求が行われず、8ヶ月間、一切の動きがないまま、右から左に55億円という金額が返還されるというのは、あまりにもおかしな話ではないか。

55億円が不要になるというのは一体、どれほど大幅な変更なのだろうか。一体、誰がこんな見積もりを出したのか。民間企業なら誰かが責任をとって辞めざるを得ない事態だ。

変更承認申請には、その理由を示す添付書類がある。

それを見る限り、戸建ての〈除染方法〉は申請時と「変更なし」。〈仮置き場の構造〉についても、「変更なし」。

では何が、55億円もの減額を生み出した要因なのか。

変更があったのは、対象となる「戸建て住宅」の数だった。変更前は1万5486戸、変更後は1万1000戸。

市長のIAEA講演のスライドには、こうあった。

「Cエリアは約1万6000世帯」

どこの4000戸が削られたのか。それにしても「たかが、4000戸減」ではないかと思うが、金額が大きく違うのだ。変更前は、〈除染費用〉が約41億円と見積もられていたのに対し、変更後は約7億2000万円になっている。ここが、55億円減の中核を成していることになる。

では、1戸あたりで見るとどうなのか。変更前と変更後で、1戸あたりいくら必要だと見積もられているのか。金額を戸数で割ってみると、変更前は約27万円、変更後は約6万6000円だ。

市長のIAEAの講演のスライドとぴたりと一致する。

「Cエリア、1世帯あたり6万円」

変更承認申請書の「実施計画書」には、戸建て住宅の除染方法に「変更なし」と明記しているのに、1戸あたり、なぜにこれほどかけ離れた数字が出てくるのか。

単なる数字のマジックではないか。

そもそも伊達市はなぜ、64億円もの金額をCエリアの除染のために必要だと申請したのか。交付金が決定し、64億円が使えることが確定したのに、なぜ8ヶ月もの間、ただ寝かせておいたのか。

そして市長選が終わり、市長不在の時を狙い撃ちするかのように、この時期になぜ、こっそりと交付金の減額を変更承認申請という形で行ったのか。

55億円の除染交付金が執行残となり、県の基金へ戻された。通常の感覚なら疑問を抱いてしかるべきだと思うが、県は伊達市へのヒアリングも行わず、あっさり変更を認めている。これもまた、市民感覚では理解できない。巨額の金が動く除染事業とは、「普通の感覚」が通用しない世界なのか。

一連の動きを見ていると否応なく、伊達市の確信犯ぶりがちらついてしょうがない。1月17日に、Cエリアの住民には「新たな対策を考えている」と全面除染を臭わすアンケートを行い、それを信じた住民が精一杯の思いをアンケートに託し（もう一度、仁志田市長を信じてみようと投票し）たにもかかわらず、それを顧みることなく（アンケート結果公表は3ヶ月後）、水面下では2月17日、Cエリア除染に使えるはずの交付金64億円のうち、8分の7にあたる55億円を「使わない」と申請して減らしている。

最初から最後まで、Cエリアを除染するつもりは一切、伊達市にはなかったのだ。64億円を担保していたのは、市長選に備えての目くらましだったのか。

おかしな動きは、Bエリアにも見られた。

Cエリアを減額申請した翌日の2月18日、やはり副市長の鳴原貞男の名でBエリアの交付金に関しても、除染対策事業変更承認申請書が出されている。

ちなみに、このBエリアの変更承認申請書は伊達市が開示した書類でも、福島県開示のものと同じく申請者の名は鳴原副市長になっている。ここでは細工はなされなかったということは、伊達市幹部が最も目に触れさせたくなかったものが、Cエリアの大幅減額という事実だったのだ。

Bエリアの場合、除染交付金は決定直後から目まぐるしく動いている。交付金申請は2012年5月31日（Cエリア申請のほぼ1年前だ）、申請金額は約120億円。7月18日に交付決定されるや、翌19日に約2億円、11月8日に約1億円、同16日に約5億円と、2014年1月30日までに、合計19回の概算払い請求を行っている。どれだけ、除染工事が動いているかがうかがえる。

しかし、最後の概算払い請求をしてからわずか半月後、変更承認申請で、約120億円の交付金を約90億円へと減額している。約30億円もの金額は、要らないと返したのだ。これは決して、小さい額とは言い難い。

こうして、2014年2月17、18日の2日間で、伊達市は約85億円の交付金を「使わない」と減額に踏み切ったのだ。ここに、何の「意図」もないと言えるだろうか。

さらに、不可解な様相が浮かび上がる。

中西準子著『原発事故と放射線のリスク学』(日本評論社、2014年3月)には、半澤隆宏にインタビュー取材をした「除染の現場から——半澤隆宏さんにきく」(第2章「原発事故のリスク」所収)が収録されている。

このインタビューは2013年6月28日に、産業技術総合研究所で収録されたと明記されている。半澤は当時、市民生活部理事兼放射能対策政策監という役職にあった。中西は冒頭、半澤を「除染の神様」と紹介する。

ここに、半澤の次のような発言を見つけた。

〈Bエリアは、CエリアとAエリアの間というイメージで、こちらは3500ぐらいの世帯があり、除染の予算は90億くらいです〉

〈Cエリアは(中略)「あっちは業者さんでやってくれるのに、なんでおれらは自分でやるの?」という話になって、「ホットスポットぐらいは取りますか」で、8億円で済ませました。8億円も、という思いもありましたが、まあしょうがないという感じです〉

2013年6月段階で、半澤は、Bエリアの予算は90億円と明言し、Cエリアは8億円で「済ませた」と断言している。繰り返すが、減額申請は2014年2月だ。伊達市幹部の設計図には、その金額でやると織り込まれていたことの証だ。

では逆に、120億、64億という交付金申請は一体、何のためになされたのだろうか。

そうまでして伊達市は、何をしたかったのか。何を守りたかったのか。

「半澤隆宏さんにきく」で、半澤は最後に、Cエリアに関してこのように言及している。

〈Cエリアは1万5000世帯。0・23マイクロシーベルト／時以上だし、国からお金が来るからやりましょう、といったら800億円かかってしまう。一方で、節約してもなんのインセンティブもありません。800億とはいわないでも80億ぐらいを復興交付金としてもらっても良いのではないか。そうなっていない現状こそ問題なのです〉

800億を、8億にしたご褒美が欲しいと半澤は国に不満を漏らす。Cエリア除染は住民のためではなく、国に向けてのアピールのためだったのか。

再び、除染交付金に戻ろう。

Bエリア変更には、看過できない記述があった。Bエリアの変更承認申請書に添付された実施計画書には、非常に重大な変更が「忍ばせて」あったのだ。

戸建て住宅の「除染方法」だが、変更前はこう記されている。

〈雨樋の洗浄、必要な場合は屋根等の洗浄、コンクリート・アスファルトはショットブラスト等による除染……〉

ところが、変更後ではこのようになっている。

〈空間線量が0・42（マイクロシーベルト／時）以上の箇所を除染対象とし……〉

空間線量「0・42」。一体、この数字はどこから出てきたのか。除染基準としても他の基準としても、初めて見る数字だ。

伊達市はCエリアのみならず、Bエリアにおいても、国の基準を倍近く緩和する除染基準を、「勝手に」作り出し、除染を行ったということになる。

この「0・42」という数字は、市の広報のどこにも書かれていない。情報開示請求でもしなければ、市民の目に触れることはない。情報開示請求をした私も、資料の中からたまたま見つけ、目を疑った。それほどさりげなく、「0・42」という「Bエリアの新基準」は挿入されていた。

いつ、どこで、一体誰が、Bエリアの除染対象の基準を「0・42」以上と決めたのだろうか。それは何を根拠として持ち出された数字なのか。

私はそれまでてっきり、Bエリアならきちんと面的除染がされていると思っていたが、どうやら、そうではないようだ。Bエリアであっても、伊達市は基準以下の場所は除染しないことにしたのだ。つまり、Bエリアですら、100％の面的除染が行われたわけではなく、対象を限定した「スポット除染」に、いつのまにか「変更」されていたことになる。伊達市の除染バイブル「除染実施計画」には一切、変更の「へ」の字も示されず。

ということは市内約2万2000戸のうち、きっちりと面的除染をされたのは、Aエリア約2500戸だけになるのだろうか。

このBエリアとCエリアの変更申請は承認され、どちらについても2014年3月31日に伊達市は県に完了報告書と実績報告書を提出、除染は「終わった」ことにされた。

「除染をなるべくしない」ことが、「除染先進都市」の内実だった。

ともあれ、「除染先進都市・伊達市」の知名度は高く、2013年頃から、除染担当責任者の半澤隆宏は東京を含む各地で、講演会やセミナーに招聘されるようになっていった。除染の「実際」を聞きたいという思いからだ。こうして半澤にはいつからか、「除染のプリンス」「除染の神様」という異名までついた。

手元に、2013年10月16日付、「『伊達市の除染』について」というパワーポイントの講演資料がある。箇条書きで記された、いくつかの言葉を並べてみよう。

・「年間1ミリ」の呪縛…0・23マイクロシーベルト／時がひとり歩き

・やったことがない?から、無謀な要求

・非現実的な除染要求→山のてっぺんから除染しろ
・避難区域＝０・２３以下まで除染しないと、戻らない
・線量低い地域＝０・２３以上なら、何をやってもいい!?
・廃棄物なんか無視？　どこまでも…
・「除染」は、すべてを取り除くことではないのに

そして、ひときわ大きな文字でこう結ぶのだ。

〈全体を見ている行政VS自分の家だけの住民〉

読み取れるのは、住民不信どころか、住民蔑視とも取れる伊達市の姿勢だ。どこの自治体に、行政と住民の関係性を「VS」で捉え、わざわざ講演資料に大きく掲げるところがあるだろうか。取材に応じてくれた誰もが、伊達市への不信を口にした。あまりにも冷たい、住民に寄り添ってくれない自治体だと。彼らが身をよじるほど苦しんでいた伊達市の理不尽さ。そこには紛れもなく、「根拠」があったのだ。

２０１４年６月、伊達市議会。定例会で質問に立った高橋一由は除染交付金についての疑義を投げかけた。

（高橋一由）「市町村除染対策支援事業ということで除染はしているようですが、余ったり必要なくなったお金の返却があったということで、総額149億4400万円ほどの返却が関係市町村からあったと。その中の半分以上の80億円が伊達市だったということで、県議会でも話題になったと、県でも話題になった。伊達市は一体何を考えているのだと、しかも市長選挙で市長がCエリアも除染するという約束をしていながら80億円ものお金を返してよこすとは何たることかということに相なったというふうに伺っていまして、県としても非常に懸念しているという話が私のところに入ってまいりまして、これはどういうことだったのかなというふうにお尋ねをしたいのですが、こういう事実はありますか」

（半澤隆宏）「その件に関しては、Cエリアとは関係ありませんで、Bエリアのほうの予算の分でございます」

半澤は明らかに、嘘の答弁を行っている。あくまでBエリアとCエリアの両方であって、「Cエリアとは関係ありません」ではない。半澤の答弁は「返した」という追及から、Cエリアを外そうという意図がうかがえるように見える。半澤は議会でさらに、こう補足した。

「今、返したとかそういう話になっておりますけれども、県のほうにも確認したいと思います。返したとかそういったことであるとは思っていませんので、県のほうにも確認したいと思います」

正式に85億円を「返している」というのに、よくも言えたものだと思う。公文書偽造まで平気で行うわけだから、議会答弁での嘘など何とも思っていないとしか言いようがない。

2016年2月1日、伊達市を訪ねた時のこと。「除染費用を返した」という話を何気なく投げかけたところ、このほんのちょっとしたジャブに、半澤も同席した斎藤和彦放射能対策課長も顔色を変え、色めき立った。

実は当時、いろいろな人から聞いていたのだ。たとえば同級生たちのランチのひとコマでも。

「伊達市は、お金、返したんだから、どうしようもないよねー。80億だっけ？　みんな、知ってるよ、そんなこと」

「返した」という言葉に、半澤は声を荒らげて反論してきた。むしろその反応の過剰さに正直、面食らうほどだった。

「ほれ、また出た。返したと。交付金って、市町村にタダで割り振られている、配られているわけじゃないんですよ。それをなんで、返すんですか？」

「でも皆さん、言ってます。返したと」

「どこからですか、それは？　その出処《でどころ》を聞きたいですね。返した？　もらったのに、返したってことですか？　そんなこと、国の交付金であるわけがないじゃないですか。伊達市が寄付を返したのならわかりますよ。いいですか、国の予算というものにそういう形はないんです。今の話は成り立ちませんよ。日本の財政の中で、そんな話はない。もらえないんです。やったものに対して、交付金が来るだけ。やった分だけに来る。逆に言えば、やった分しかこない」

この日は半澤に気圧《けお》されて終わったが、今なら言える。確かに「やった分だけ」交付金は来る。しかし、「使いたい」と申請して、「使っていい」と承認された範囲のお金があるのに、わざわざ「変更して」、85億円以上も減らしたという事実があるではないか。これをどのように説明するのか。

ウィーンから帰国した仁志田市長は、「だて復興・再生ニュース」11号（2014年2月27日発行）で自らの決意を披露する。

〈Cエリアは（中略）Aエリアのような全面除染は必要がないとしているのですが、「全面除染がされてないので安心できない」と言う声があります。（中略）

ともあれ、こうした方々に安心して頂くように努めることも行政の責務であるとの考えから、Cエリアのフォローアップ除染を決断したところです。安心してもらうための除染、いわば「心の除染」というものを目指して納得のいく除染を志向することがフォローアップ除染であり、提出された調査票に基づき、真摯に対応してまいりますのでご安心ください〉

初めて、「心の除染」という言葉が伊達市民の前に現れた。

放射性物質が降った生活圏を除染するのではなく、安心とは思えない「心」を除染するのだと、市長は意気揚々と訴える。それが、「フォローアップ除染」なのだと。

そもそも国が言うフォローアップ除染は、一度除染したのに線量が高くなったところを追加除染するというものだ。

伊達市は何を、「フォローアップ」するのだろう。Cエリアは、そもそも除染もされていないのに。Cエリアのアンケートでほのめかした「新たな対策」とは、フォローアップ除染という名の「心の除染」だったのだ。伊達市のフォローアップ除染は、「心」をその持ち場とする。

同じ線量でありながら、伊達市に隣接する国見町も桑折町も福島市も、全戸全面除染がなされている。ところが伊達市ではCエリアに居住しているだけで、放射性物質が降ったままに放置され、ウエザリングで自然に減るとか、ガラスバッジで必要ないことが証明されたとか、線量が低いから「大丈夫」とかいう説明で、被害者に放射性物質を受忍しろと強いる。Cエリアの線引きだって、市が恣意的に行政区分で決めただけだ。こんなことは、市民の誰も望んではいなかった。

梁川町と国見町の境目に立った。伊達市である梁川町東大枝《おおえだ》は除染されていないが、隣の伊達郡国見町西大枝は全戸除染されている。たった1本の境界線で、東大枝と西大枝とでは住民の心の中に、天と地ほどの差ができあがっている。

10　新しい一歩

原発事故から3年を迎える2014年春、上小国に住む高橋佐枝子の次男の優斗が中学を卒業した。

佐枝子は会うたびに、ずっと言っていた。

「子どもたちがここから出て行ってくれれば、本当に安心する。ここはもう、子どもが住む場所じゃないから」

それは優斗がWBC検査で「被ばくしていません」と医師に告げられて以来、佐枝子が抱いていた願いだった。

すでに高橋家では、2年前に長男が大学進学で郡山へ、この春、高校を卒業した長女の彩は大学進学で仙台へと旅立つことになっていた。問題は次男だ。県内の高校に進学し、あと3年、ここ小国で暮らすのか。

優斗は自ら、進学する高校を宮城県にある高等専門学校に定め、合格を勝ち取り、家を出て寮で暮らす道を選んだ。

3月末、優斗は15歳で故郷を後にした。佐枝子は言う。

「私が強制したわけじゃないんだよ。次男も遠くへ行ってくれっといいなっては思っていたけど。自分で高専へ行くって決めて、がんばって勉強して、合格がわかった時はうれしがったねー」

佐枝子は、顔をほころばす。感情をあまり表に出さず、淡々と話すポーカーフェイスの佐枝子らしからぬ、満面の笑みだった。

「次男が宮城の高専を受けるって自分で言った時、私、『ありがとう!』って思ったんだ。それが一番、いいから。出てった瞬間は、『やったー!』みたいな。これで、心配事がなくなったって」

佐枝子はあの日から、必死で子どもたちを守ってきた。優斗の再検査にうれし涙を流した直後には、早瀬道子の紹介でフクロウの会に子ども3人の尿を送り、尿検査を行った。

「この時、次男の尿からセシウムが出なかったんだ。これで、本当にほっとした。やっと、心が落ち着いた。それでも、思いは変わんね。この環境に、子どもらは長くいてほしくない。こっから出でってくれれば、どんだけ安心するか。いくら線量が下がってきたといっても、ここよりも低いところに行ってほしいがら」

だから、佐枝子は決めた。自分の役目は子どもをここから送り出すことなのだと。

「子どもらを送り出すまでは、きれいな身体でいさせるって決めだんだ。だがら野菜も測るし、会津の米を食べさせる。うちで採れた米は大人が食べて」

佐枝子の願い通り、3人の子どもは全員、小国から巣立って行った。そして、佐枝子から眉間の皺《しわ》が消えた。以来いつ会っても、ほんわかした雰囲気のまま、穏やかな表情をしている。そういえばそんな佐枝子に会ったのは初めてだと、ようやく気がついた。私が佐枝子を知ったのは、原発事故後のことだったから。

この時期、行政に振り回される一方だった早瀬家もまた自らの意思で、新たな一歩を踏み出そうとしていた。それは、家を建てるということだった。道子は言う。

「事故後、子どもを守るためにやれることは全部やってきたって、胸を張って言えるんです。子どもを第一にと、ずっとがんばってきました」

そうやって、母鳥は必死に子どもを守ってきた。でも……という思いが、道子に芽生えたのはいつだっただろう。このままでいいのか、このまま羽を毛羽立てて敵を威嚇しているだけで、本当に子どもは守れているのか。

きっかけは、前年夏の長男の龍哉の入院だった。転校生としてのつらさを龍哉は、母にも気づかれないように自分ひとりで耐えていた。その無理が、高熱を出しての入院となった。

「あたし、何してきたんだろう。放射線からの防護はしてきた。それは胸を張れる。でも、子どもがつらい時、『ママ、助けて』って言えないほど、余裕がない親になっていた。非は、私にもあった」

前に進む姿をどれだけ、子どもに見せてきたか。やってきたのは小国小や伊達市との闘い、そして取材に応えること。声を上げれば、きっと変わると信じ、取材に応じてきた。

「だけど、訴えても何も変わらなかった。じゃあ、この3年、私、子どもに何をしてきたんだろう。私もお父さんも子どもに、大人が前進する姿を見せてこなかった」

道子と和彦は何度も話し合った。

「それが、家だったんです」

小国の家が、三方を仮置き場に囲まれたことも大きかった。県外避難への思いも捨てきれず山形県に物件探しにも行ったが、「避難者にはもう貸したくない」と言われ、県外移住をきっぱりと諦めたこともある。

「だから、梁川に家を建てることにしたんです。借上げマンションは、窮屈でけんかの絶えない場所だし、長男には『僕たち、いつまでここにいれるの？ 僕たち、これからどうなんの？』という不安が絶えずあった。子どもたちにそろそろ、地に足がついた生活をさせてあげないといけないって」

家を建てることは、小国の家のローンとの二重ローンを抱えることを意味する。死ぬまでローン返済の日々が続くことを覚悟の上で、2人は決意した。

「お父さんと話して、とにかく大人も前進しよう、家がない、地盤がない生活はもう限界だねって。子どもの状態を見ていたら、これ以上は無理だって。こっちに安い土地を見つけて家を建てて、自分たちの家から『いってきます、ただいま』という生活を子どもたちにさせてあげたい。下の子が高校を卒業するまで、12年間ある。その間ずっと、マンション暮らしをするよりはるかにいい。今また原発が爆発してたとえ5分しかその家にいれなかったとしても、前進する姿を見て何かを感じてほしいから」

梁川に家を建てることを子どもたちに伝えたら、3人の顔がぱあーっと晴れやかになった。道子は夫婦の決断が間違っていなかったことを、改めて思う。

長男たちは学校から帰ると、毎日、家の建築現場を見に行った。

「僕たちの家、ここに作るんだよね。ここが僕たちの家なんだね！ ママ、今日はトイレがついたよ！」

子どもたちの笑顔が増え、明るくなってきたことが親として何よりの喜びだった。

伊達市で暮らす選択をしたということは、それは道子にとって最低限、きっちりと放射線を防御できる生活環境にしなければいけないことを意味していた。家を建てる前に伊達市の「除染推進センター」の職員を呼んで、敷地の線量を測定してもらった。

「Cエリアといえども、梁川も決して低くはないんです。ある程度の線量はあった。高いところで、1マイクロはあったから。敷地内の表土をすべて剝ぎ、草が生えないようにシートを敷き、その上に砂利を撒いたんです。だから外の線量は、家の中と変わらない」

道子と和彦はできるだけのことを試みた。

「庭は、土を天地替えした。表面の線量は高かったけど、ひっくり返せばぐんと低くなった。屋根は瓦のような吸着しやすいものではなくトタンにして、隣のマンションとの境の植え込みが1マイクロ近くあったから、その前に倉庫を建てて子どもが行かないように遮蔽した。ここで暮らす以上、守れることはできるだけやろうと」

なぜ、汚染された土地に住み続けるのかという批判も遠巻きに聞こえる。道子は言う。

「『この家、あなたにあげるから住んでちょうだい。仕事もあるよ』と言うのなら、避難できると思う。母子だけで避難というのも、選択肢にはなかった。だって親子の時間は戻ってこない。家族バラバラになるぐらいだったら、どんな苦労、どんな努力もするって決めた。だから腱鞘炎になるぐらい、毎日、拭き掃除をしています。肘が筋肉痛で上にあがんないぐらい。だから、この家、掃除機のゴミパックの検査をしても、セシウムがものすごく少ないんです」

新築の家で、早瀬家が新しい生活をスタートさせたのは、2014年5月。龍哉は5年生、長女の玲奈は2年生、そしてこの春、次男の駿《しゅん》（仮名）が梁川小学校に入学した。

2015年夏、愛知県大府市に椎名敦子を訪ねた。小柄で折れそうなほど華奢な身体なのに、顔が以前より、ふっくらしている気がした。

「こっち来て、私、太ったんですよ」

にこっと笑うお茶目な表情は、初めて目にする穏やかなものだった。

「こっちへ来て緩みっぱなし。気を張ってなくていいし。毎日、のほほんとしています。すごくよかったのは、家族の絆《きずな》が深まったこと。離れているからこそ、やさしくなれる。私には感謝の気持ちしかない。お母さんが家のことをやってくれるから、ここにいられるし。離れて悲しいんだけど、やっぱり家族であり続けるために、お互いが努力を惜しまない。毎日、フェイスタイムで話しているし……。子どもたちには、『パパとママ、ラブラブだよ』って言ってるんです」

夫の亨は多い時で月2、最低でも月1のペースで大府の家族のもとへ車を走らす。亨は言う。

「慣れたので、7時間ぐらいで行けちゃうんです。金曜の午後に出て、9時か10時に向こうに着いて、お風呂に入って晩酌。翌日は遊んで、日曜の午後に向こうを出る。これが普通になりました。娘は、前はすごく喜んでくれたのに、今は『ああ、パパ、来たの』って。全力で迎えてくれるのは犬だけです」

確かに、最近は子どもたちの部活が忙しく、土曜日は夫婦だけで出かける方が多い。

自主避難という形なので、支援は家賃と高速道路料金だけ。決まったルートをたどるという条件付きで高速が無料になる。生命線でもある家賃支援は、2017年3月で打ち切りになる可能性が高い。そうであっても、2人の考えは変わらない。敦子は言う。

「子どもたちが自立して、どこかで生きていけるようになれば、私は小国に帰れるんです。私は帰らないといけないけれど、子どもと一緒に帰るというのは考えてない」

亨も同じ考えだ。

「家賃支援は、あった方がいいに決まっている。けれど家賃が打ち切られても、子どもが独り立ちするまでは、この生活をすると夫婦で決めている。『お金があるから、避難できたんでしょ』と言われることもあるけれど、そんな薄っぺらい考えで決断したのではない。うちは放射能を受け入れるという生活に、折り合いをつけることができなかった。他の家はできたかもしれないけど、うちはできなかった。それだけです」

フェイスタイムで毎日話し、時に亨は晩酌に敦子を付き合わせる。敦子はアイロンをかけながら、フェイスタイム越しに夫の酒の相手をする。時に同じテレビを見て、同じところで笑っていることに気づく。まるで隣にいるよう。だから、家族のコミュニケーションに障害はない。亨は言う。

「子どもたちに助けられましたね。向こうの生活にうまく馴染めず、子どもがつまずいたら、また生活を見直すことになったろうし、子どもが俺たちの気持ちを理解してくれたと思う」

避難してよかったと心から思う。自分が危惧したことは、すべて現実になったから。新年度から小国小は屋外活動やプールを再開し、「普通に」戻そうとする動きが強まった。子どもが育つ環境において、なし崩し的に事故がなかったもののようにされてきている。

避難した年の年末、小国に戻る途中、福島のパーキングエリアでコーヒーを飲もうと自販機を探した。見つけた自販機には、「がんばっぺ、福島」の文字が大きく張り付いていた。それを見た時の衝撃を、敦子は今も忘れない。

「ああ、あたし、自販機にまで励まされてるって思いました。がんばれないと思って出て行った私に、自販機まで『がんばっぺ』って言ってくる。なんか、ああーって涙が出てきた。がんばらない人は、ここにはいちゃいけないいんだって」

11　Cエリアを除染しないために

市長選の告示直前の2014年1月17日に、Cエリア住民に配布された除染を巡るアンケート。この結果が公表されたのは、3ヶ月後の4月24日発行の「だて復興・再生ニュース」13号においてのことだった。アンケートという形を取った、Cエリア住民への欺瞞でしかなかった証左がここにある。

それは市長選のために、Cエリアの除染を見直す振りをしただけのこと。

それでも一本の藁にすがる思いで、Cエリア住民は切なる思いをこのアンケートに託したのだ。

アンケートに示された住民の意思は、3230世帯(68%)が不安に思い、市の放射能への対策として除染を望む件数は1499世帯(45・7%)と、最も多いことが明らかになった。

にもかかわらず、仁志田市長はこう言うのだ。

〈今回のフォローアップ除染は、どうしたら安心の気持ちを持って頂けるかということにあるわけですので、調査票に基づきそれぞれの世帯ごとに個別に対応をして参りたいと考えております。（中略）

当市が当初計画した除染についてはおおむね終了しましたので、これからは市民の安心を確保するためのフォローアップ除染と、我々の生活に潤いを与えてくれる自然の回復のための里山の除染に取り組んでいきますので、よろしくお願いいたします〉

アンケートの結果、市に放射能対策を望む回答者の5割近くが除染を望んでいるにもかかわらず、当初に計画した除染は終了し、里山除染に取り組むと仁志田市長は平然と語る。生活圏をそのままに「放置」して、何が生活の潤いだろう。

仁志田市長が「調査票に基づきそれぞれの世帯ごとに個別に対応」すると宣言したことは、ポーズでもリップサービスでもなく、きちんと実行された。

しかし、それを担ったのは大手広告代理店「電通」だった。

手元に平成26（2014）年5月26日が施行日と記された「発議書」がある。決裁欄には仁志田市長、鳴原副市長、半澤理事、田中課長、佐藤係長、山際係長の認印が押されているものだ。

宛先は「株式会社　電通　代表取締役社長執行役員　石井直《ただし》」、件名は「低線量地域詳細事後モニタリング事業業務委託について」。

箇所は伊達市伊達町・梁川町・保原町の一部・霊山町の一部の地域（まさに、Cエリアだ）。

概要は「Cエリア内の詳細モニタリングを実施し、合わせて放射能・放射線に関するリスクコミュニケーションを実施」。

期間は「平成26年6月2日から平成27年3月31日」。

驚くのは、その予算内容だ。

予算額「5億円」。

業務の中核を成す、「リスクコミュニケーション」とは具体的にどういうことなのか、「業務委託設計書」にはこのように記されている。

〈Cエリアホットスポット除染実施後の低線量地域において、市民に対して個別訪問を実施し、線量測定を行いながら線量の確認を行い、市民が安心した生活を送れるように市民との対話による正しい放射線・放射能の知識を共有し、不安解消を実施する〉

同年6月2日、伊達市は電通との間に「委託契約書」を交わす。契約額は、「2億1

１６８万円」。

この業務のため、電通は管理技術者1名と担当技術者16名を10ヶ月、伊達市に配置した。

そして翌平成27（２０１５）年3月26日付で、電通は「業務委託完了届」を伊達市に提出している。

〈平成26年6月2日付けの下記業務委託は、平成27年3月26日完了しましたので成果品を添えて届けます〉

委託料額は、「2億１１６８万円」。

取材中に聞こえてきたのは、「除染を希望したCエリア世帯には、人が回ってきた」という声だった。電通職員がまさか、自分たちの説得に動いていたとは、一体、誰が思うだろう。誰もが名を知る、大企業が派遣した職員に「大丈夫だ、この線量なら安心だ」と説得を試みられていたとは……。

伊達市は、Cエリアを国のガイドラインに則ってきちんと除染することに国から交付されるはずの金は使わず、Cエリア住民の「心の除染」のためには、2億もの市民の税金を惜しげもなく使ったのだ。

電通は環境省が設置している、福島駅前の「除染情報プラザ」の運営も委託されている。伊達市だけで2億だ。原発事故後の「リスクコミュニケーション」により、どれほど潤ったことか。

被害者である住民が被ばくのリスクから守ってもらえるわけではなく、受忍を強いられ、大企業が儲かる構図ができていたわけだ。ガラスバッジメーカーの千代田テクノルだってそうだ。伊達市から、どれだけの金が動いたことか。

2014年4月14日、伊達市、福島市、郡山市、相馬市の4市は、国＝石原伸晃《のぶてる》環境大臣に対する申し入れを行った。

四市は合同で、追加被ばく線量年間1ミリシーベルトを実現するための、空間線量率0・23マイクロシーベルト／時という数値の見直しを国に訴えたのだ。

とりわけ伊達市は、ガラスバッジによる約5万人の1年間の実測値の上に立ち、除染基準となっている1時間あたり0・23マイクロシーベルトでは、追加被ばく線量が年間1ミリシーベルトに達しないとして、1時間あたり0・46〜0・5マイクロシーベルトでいいのだと訴えた。

伊達市が先導したとも言われる4市申し入れは、国の除染基準を、倍以上に緩和することがその狙いだった。

思い出してほしい。Bエリアの除染基準の変更申請において、伊達市は除染対象を0・42マイクロシーベルト／時以上と、変更後の除染方法に明記したが、その意味で伊達市は国に先駆け、緩和された基準での除染を行ったことになる。Cエリアなどは理想とする未来の形とされたわけだ。

この年の8月、環境省・復興庁と先の4市は、「除染・復興の加速化に向けた国と4市の取組　中間報告」を発表、空間線量率が0・3〜0・6マイクロシーベルト／時程度の地域において、年1ミリシーベルトが達成できるとした。

ガラスバッジによる被ばく管理が決して妥当ではないことは、前述のフクロウの会の青木一政の解説の通りだ。ガラスバッジそのものの問題に加え、時間の経過とともに子どもから大人まできちんと装着している市民の方が、もはや稀《まれ》になっている。学校で屋外の授業中、ガラスバッジは本来ならまとめて屋外に持って行くべきだが、今や教室にあるランドセルにつけられたままだ。

そんな状態で得たデータでありながら、被ばく管理の基準を空間線量という「場」の線量から、ガラスバッジの計測値という「人」の線量に変えるという大転換を、この中間報告では謳っている。この危険性について、青木は言う。

「放射線業務従事者の被ばく管理の考え方は、管理区域を設定してみだりに立ち入らせないことと、立ち入る場合はその人の個人線量を測定するという、『場』の線量と、『人』の線量の二段構えで安全が確保されています。なぜ一般市民が、『人の線量』のみで管理されなければならないのか」

12　Cエリアに住むということ

市長選後、「公約違反ではないか」とCエリア全面除染を望む声が急激に高まった。そんな声に対する、仁志田市長の返答に揺るぎはない。市長は広報紙で繰り返し、訴える。

〈今、必要なのは、人々の心にそうした信頼を取り戻す「心の除染」と言うべきものなのではないでしょうか〉（「だて復興・再生ニュース」15号、2014年6月26日発行）

またもや、「心の除染」だ。そして除染は手段であって、目的ではないという。市政アドバイザー、多田順一郎の考えも全く同じだ。

多田は今、除染に多大な期待を抱かせたことを専門家として「反省」する。2016

年1月31日に福島県文化センターで行われた、各市町村の放射能アドバイザー意見交換会で、壇上に立った多田は「全国の納税者に申し訳ない」と、「反省」を口にした。

自身が理事を務める、放射線安全フォーラムが同年2月20日に開催したシンポジウムでも、多田はこのような文章を発表している。

〈……伊達市以外では、汚染のレベルとは無関係で画一的な除染が実施されるようになりました。（中略）戦略なき除染は、市民の「安心」を求める声が上がる度に、どんどん範囲を拡大させ（中略）線量低減に寄与しない除染を止め切れなかったのは、現地でお手伝いをしてきたアドバイザーとして、除染事業を支えて下さる、全国の納税者と電気料金負担者に申し訳なく思って居《お》ります〉

先の放射能アドバイザー意見交換会では、傍聴に詰めかけた伊達市民から、次々と抗議の声が上がった。

「多田さん、今すぐ、伊達市のアドバイザーをやめてください！」

多田はこの日、名刺交換をした私の担当編集者にこのようなメールを送っている。

〈昨日は、汚染が伊達市の中で最も軽微なCエリアの住民のうち、除染という「行政サービス」を受けられないことに不満をお持ちの方々（全市では百数十人）が、なかなか賑《にぎ》やかで、事情をご存じない方は、聊《いささ》か驚かれただろうと思います。
（中略）自分たちの思い込みの世界に引き籠ってしまった人達は、信念に合わない話には耳を貸さず、客観的な情報を前にすると思考を停止させてしまいますので、到底リスク「コミュニケーション」など成り立ちません。（中略）嘗《かつ》てのオーム（ママ）真理教の信者や、今日のＩＳに身を投じる若者たちのようなものかも知れません〉

これほどまでに市民をヒステリックに敵対視する人物が、市政アドバイザーとなったこともまた、市民にとっては不幸なことだった。

２０１４年は伊達市議会も、Ｃエリア除染を巡って市当局への激しい批判を繰り返した。これは、市議会9月定例会でのやりとりだ。

（丹治千代子）「1月の市長選のときに、後援会報にＣエリアも除染して復興を加速すると書いてありました。（中略）市長は公約どおりＣエリアも除染すべきと思いますがお考えをお伺いいたします」
（仁志田昇司）「安心を得るためにはどうしたらいいのかということ、それがフォローアップ除染というこういうことであります。（中略）基本的にＣエリアはホットスポット除染をしているわけであって、これも除染なのです。(中略) Cエリアのフォローアップ除染を実施しますというのが公約です」

12月の定例会では、このような応酬があった。

(中村正明)「どうして伊達市は周りの自治体と同じくできないのか。そのできない理由をお聞かせいただきたいと思います」

(半澤隆宏)「むしろ、逆に、周りの市町村がなぜ伊達市のようにできないのかということなのだと思うのです。つまり、早目にやることが大切だということで、(中略) 放射線防護というのは (中略) 健康影響被害を低減するためにやるものですから、いつかはやってもらうというような事業ではないわけです。ですから、ほかの市町村ももう少し早く取り組んでいれば、被ばくを防げたのではないかなというふうに思ってございます」

なおも激しく食い下がる中村議員に、今度は市長が答弁に立つ。

(仁志田昇司)「理由もなく、放射能の防護の科学的な根拠もなく、ただやれというのは、どういう理由によるのですか。私は全く理解できないです。不安に思っている人がいることは承知しているからフォローアップ除染をやっていますけれども。(中略) 放射能防護的には必要がない、大丈夫ですと、それは断言してもいいですし、（中略）放射能の専門家の意見を聞いてやっているわけであって」

何を聞いても、「放射線防護」。今に至るまでCエリア除染に関しては、この論争の繰り返しだ。

田中俊一から多田順一郎へ、放射線安全フォーラムというICRPが提唱する放射線防護の考えを支持する「専門家」の指導のもと、伊達市ではすべての根拠は「放射線防護」に行き着く。

では、ICRPが提唱する「放射線防護」とはどのようなものなのか。フクロウの会の青木一政はこのように解説する。

「ICRPは原発が本格的に世界中で建設される時期に、被ばくに対して、それまでの原則である『可能な最低レベルまで低く』を修正してきました。今は1973年に出された『経済的・社会的な要因を考慮に入れながら、合理的に達成できる限り低く』という言い方になっています」

なぜ、放射線から人を守る放射線防護に、「経済や社会」的要因が考慮されないといけないのだろう。青木はICRPの考えを噛み砕いて説明してくれた。

「これ以上お金をかけても、それに見合う健康リスクが低減されないならば、それ以上はお金をかけない」

今度はお金だ。これが放射線防護の考え方なのか。青木はさらに言う。

「がんやその他の病気が出ても、ある程度の人数以下ならば、それは原発による電力というメリットがあるので我慢してもらいましょう……という考え方です」

だから多田は「納税者に申し訳ない」と言うのか。

2016年2月の伊達市取材において、Cエリアを除染しないことへの疑問をぶつけた。

半澤隆宏は、さらりと言った。

「Cエリアで面的除染を要望する人、それはゼロではないですよ。90％以上がそうではないですが。希望する人は多くないですよ。面的にやってほしい人に対応するわけにはいかない。お金がかかるんで。同じ税金を投入するんであれば、線量の低いところにではなく、もっと効果的に使った方がいいのでは？　はっきり、そう思いますよ」

この時点で、電通にリスクコミュニケーション事業を発注していたことがわかっていたら、大事な税金をこんなことに使っているではないかと反論できたのだが……。

同年5月30日の取材では、さらにこうなった。半澤は言う。

「Cエリアも面的除染をしてほしいと言っている人は、ごく一部なんですよ。調査票で

3000いくつかの世帯が望んでいましたが、全戸訪問してちゃんと説明したら、3300世帯は納得していただいたんですよ。だから、最後まで面的除染だと言い張って残っているのは、100世帯ぐらいなんです。正確には、107戸ですが」

これが、電通が言う「成果品」なのか。3000いくつかを、100にしたという。それにしても107という少数だから、切り捨てていいという発想。住民に最も近い立場にいる自治体が、少数だからと住民を「いないもの」として扱っていいのだろうか。

保原町に住む川崎真理の取材で、「除染太助《たすけ》」という存在を初めて知った。除染太助とは、除染した土や草を入れる簡易保管庫だという。今、真理の手元には除染推進センターから支給されたという、軍手の束に土嚢袋、ビニール袋などがある。

「市は大丈夫だと言うけど、私はそうは思わない。だけど、うちは3マイクロないから、結局はやってもらえない。自分でやれって言われても、これだけの広さは無理だから。でも、しょうがないから子どもが通るところだけはやって、除染太助に入れておいたけど、太助も回収されちゃった。除染太助は自分の家の仮置き場のようなもの。家から一番離れているところに置いていたけど」

土嚢袋や軍手を並べて見せてくれた真理が、嘆息を漏らす。真理はきっぱりと言った。

「これで、自分で除染しろってふざけてないですか？　私たち、何をしたっていうんですか？　勝手に放射能をばら撒かれて、めちゃめちゃにされて、お掃除道具は貸しますから自分で掃除してくださいって。同じ空間線量なのに、Bだったら業者にやってもらえて、Cは自分でやれって。私は太助を借りてきて子どものために少しはやったけど、これっておかしくないですか？」

それは、Cエリア住民が抱く、変わらぬ同じ思いだ。川崎家も、梁川町の早瀬家も、半澤が言う107世帯に入っている。少数派で切り捨てられる人々に。

なぜ、たまたま伊達市のCエリアに住んでいるだけで、放射性物質がそこにあるのに行政から何もされず、「心の除染」のみを強制されなければならないのか。

しかし、そんな住民の思いを、半澤はあくまで「後付け」だと言う。

「伊達市から2年も遅れて、隣の国見町も福島市も全面除染を始めた。こっちは終わろうとしているのに。だから、『隣がやってるのに、あっちだって同じぐらい低い線量なのに、なんでこっちはやんないんだ』となってしまった。つまり、後付けなんです。当時、そんなこと、思っている人はいなかったのに。こっちから言わせれば、これからやる国見の方がおかしいんだ。放射線防護の観点から言ったら、2年間何もしないでこれからやる方が。だから、Cエリアもやれと言ってる人は、人のふんどしで相撲をとってるんです」

13 「放射線防護」のための除染

2016年10月23日、午前8時。気持ちよく晴れ渡った秋空の下、梁川総合支所前の広場にはカラフルなテントが張られ、スポーツウエア姿の人たちであふれていた。

これから「三浦弥平《やへい》杯ロードレース大会」が行われようとしていた。開会式に仁志田市長が出席することが市のサイトにアップされていたため、ここで直接、市長に取材をしようと試みた。伊達市の広報を通して市長へのインタビューを申し込んだのだが、多忙を理由に断られたからだった。

仁志田市長は思ったより小柄で、写真で見た通りの濃い眉が印象的だった。開会式終了後、名刺を渡して自己紹介をした。

「梁川出身のライターです。ノンフィクションを書いています」

「梁川！　おお、そうかね」

意外とばかりに、ちょっとうれしそうな表情。

「広報を通して取材を申し込んだのですが、お忙しくて時間が取れないということで、今日、ここに来ました」

「そうかね？　そんなことがあったのか」

取材拒否はどうやら、市長の意思ではなさそうだった。そもそも取材を申し込んでいること自体、知らないようだ。

「今、原発事故のことで伊達市を取材しています」

朝陽《あさひ》が輝く澄み切った秋空のもと、スポーツの祭典という和やかな雰囲気の中に、ぽっと投げ出された「原発」という言葉。唐突だったせいか、市長の反応は鈍い。

「お忙しいと思いますので、単刀直入に伺います。除染の交付金のことです。市長がウィーンで講演をされた平成26年2月、CエリアとBエリアの除染交付金が合わせて、86億円も減額されていますが、それはどうしてなのですか?」

市長はポカンとしている。質問の意味、意図するところがわからないらしい。

「それはなんですか?　減額って聞いてないな」

「Cエリアは64億で交付金が決定されていたのですが、それを8億でいいと変更申請が伊達市から県になされています」

「なんのことかな?　わからないな。いや、適正にやっているはずですよ。計画を変えることはできないですから。それをするには、きちんと申請しないと」

「その変更の申請が、市長がウィーンに行っている間になされています」

「いや、そんなはずはないと思いますよ。交付金の細かい流れはいちいち、私は介入しませんから」

減額申請について、市長は何も知らないのではないか。質問の意図するところがわかれば警戒するだろうし、何か策を弄するのではないか。そのようなものが一切、表情から読み取れない。何だろう、この手応えのなさは。

目の前の市長は、質問の意味するところをわかりかねているようだった。除染について聞いているとわかったのか、市長は続ける。

「除染はスピードが大事なんです。だから、わが市では高いところから区分けをして、迅速にやってきたわけです」

議会答弁のようになりつつあるが、その流れに乗った。交付金のことはいくら聞いても同じだと思えたから。

「はい、ABCエリアですね。今、Cエリアで面的除染を望む声がありますよね」

「それは私も知ってますが、やるのが大変というより仮置き場（が問題）なんです。Cエリアのように広い地域だと難しい。Aは狭いエリアなので行政区ごとに作ることができたが、Cは違う。問題は仮置き場だ」

仮置き場がCエリアを除染しない、最大の理由なのだと言いたいのだろうか。

市議の高橋一由に話を聞いた時、仮置き場問題がネックだという指摘があった。高橋は、昔から半澤隆宏をよく知っているとした上でこう話していた。

「Aエリアの仮置き場説明会で半澤は相当、叩かれたんだよ。吊るし上げにもあった。だから彼としてはもう、めんどくさいの。Bエリアだって『やっちゃくね（やりたくない）』って言ってたから、Bエリアは、俺が仮置き場を探してやったんだよ」

いつまでこの質問が続くのか、市長からちょっと困ったような表情が読み取れる。嫌なら質問を打ち切って、踵を返せばいいだけなのに。こちらも何を聞いても、暖簾《のれん》に腕押し感がつのる。いくら言葉を重ねても、同じような気がしてくる。

「だけど、市内の7割を占めるエリアを除染しないというのは問題なのではないですか？」

「伊達市の除染のやり方は正しいですよ。7割近い市域を面的にしないことも。除染はスピードなのですから。側溝もやっと始まって、今、やってますよ。もっと早くすべきだったが、仮置き場ができずに難航した」

「除染はスピードというのは、半澤さんからも聞いています」

半澤という名を聞いた市長の表情が、ぱあーっと明るくなる。どこか、ほっとしたような……。

「なんだ、半澤くんに会っているのか。じゃあ、大丈夫だ。彼から聞くといいよ。何でもよくわかっている」

その時、号砲が鳴った。

「スタートだ。行かないと」

号砲というきっかけを得て、市長はくるりと背中を向けてあっという間に走り去って行った。

除染交付金を巡る情報公開請求で得た、腑《ふ》に落ちない疑問の数々。どうしても、除染の責任者である半澤隆宏に訊《き》かなければならない。

疑問を解くために、同年11月1日、伊達市を訪ねた。

半澤と相対するのは、これで5度目になる。会うたびに恰幅《かっぷく》が良くなり風采が上がっていくのは、「除染の神様」となり、順調に出世街道を歩んでいるからか。3月22日にはIAEA欧州会議に招聘され、講演まで行っている。地方都市の一職員にそのような場が与えられるとは、原子力推進機関にとって、伊達市はどれほど重要な自治体なのだろう。

単刀直入に疑問点をぶつけた。

――Cエリアの除染交付金について伺います。平成25（2013）年4月1日に64億円で交付金申請がなされ、6月28日に県の決定が下りています。ですが、平成26（2014）年2月17日に8億円への変更申請がされています。56億円もの金額が、減額された理由をお聞きしたいです。

すでに、県と伊達市に除染交付金の資料一式を情報公開請求で私が得たことは、伊達市側にとって織り込み済みのこと。ゆえに、この質問は想定内だったようだ。待ってましたとばかりに、半澤は話し出した。

「当初、仮置き場が必要だという認識があったし、もうちょっと幅広く汚染されたところがあったんではと考えて、そういうふうになったんですよね。今の東京オリンピックと違って、増やせないんですよ。減らす方が簡単だから、過剰に申請して、減らすというパターンなんです」

でもいくら過剰と言っても、あまりにもかけ離れた額ではないか。

――とにかく4月1日に申請した時には、64億円でやっていこうとなっていたわけですよね？

「4月の段階ではそういうふうにやろうとしたけれども、検討していって、住民のモニタリングをやって、ホットスポットを見ていったら、想像以上に少なかったっていう面もありましたし、仮置き場は要らないなとか、減額せざるを得ないと、（平成）25年の間にやっていくうちにだんだんと」

――25年のどのあたりで、56億円は要らないなとなったのですか？

「どのあたりって、はっきりこのあたりっていうのは言えないけれど、やっていく中で、

11月か12月頃だと思いますよ」

——11月、12月頃に、８億円で済みそうだというのがわかったのですか?

「だいぶ、金額が少なくて済みそうだっていうことですよ」

——56億円も要らなくなった根拠が、よくわからないのです。確かに対象となる住宅は、１万５０００戸から１万１０００戸に減っています。問題は金額で、変更前が41億円なのに、変更後が7億円。しかも、戸建て除染の除染方法には、「変更なし」と明記してあります。どうしてこれほど、見積もりが違ったのですか? １戸あたりにすれば、27万円から6万円への変更です。

「まあ、それはちょっと過大だったということですよ。当時、手探りでやっていたので。過大見積もりであったことは認めますよ」

——このＣエリアは、ＢやＡと違って、一度も概算払い請求がなされないで、56億円減額という形に変更され、25年の年度末に、除染完了届が出されています。お金は全然動かさないで、Ｃエリアの除染をされてきたわけですか?

「Ｃエリアについては、実際に動き始めたのは、25年の夏過ぎだと思うんですよ。夏ぐらいに線量を測って、そのなかで、そこまでの必要はないだろうということになってきたわけです」

「除染方法変更なし」にもかかわらず、なぜ27万円の見積もりが6万円でいけるとなったのか、一向に明確な回答が見えてこない。半澤の答えは、「過大請求」に終始する。

「交付金の構造上、減らす方がらくだけど、増やす方は難しい。それで多めに、過大になりがちだったんです。ＡもＢもそうでしょう？」

Ａは１６０億円から１５０億円への減額、これは理解できる範囲だ。Ｂは違う。１２０億円から90億円へと30億円のマイナス。この金額は看過していいとは思えない。もう一度、念を押す。

――これだけの大幅な減額が固まったのは、いつの時点なんですか？

「先ほど言ったように、秋口という形ですよね。まあ、やっていってということだから」

ここで、中西準子の著書を示した。

――この本に半澤さんのインタビューが載っています。インタビューが収録されたのは25年6月28日、たまたまCエリアの交付金が64億円と決まった日なんですね。

「そりゃあ、たまたまでしょう」

――そうだと思います。でもここで、「Cエリアは8億円で済ませました」と、この時点で、半澤さんは言っています。交付金の決定が下りて、64億円は過大に見積もっていたのかもしれないけれど、これでやろうと決まった日に、しかも過去形で。

一瞬、虚をついたのかもしれない。半澤は媚《こ》びたように笑う。

「済ませましたって、だから……。半年間、過ぎてきて、それは必要ないと」

——半年じゃないです。4月に申請して、これはまだ2ヶ月が過ぎた時点。

「ほほう。だから、さっきから言ってるじゃないですか。その前にもう、わかっていたことなんですよ。交付金の変更っていうのは形式的にやることなんだけど、それは年度の終盤にやるんですよ」

——「済ませました」って、6月のこの時点で。あるいは、「8億円も、という思いもありました」ともおっしゃっている。

半澤はインタビュー収録日を確認する。本の発行日も。

「25年6月。26年の本……」

——使うつもりがないお金を、請求したとしか思えない。

「だから、過大だったということなんですよ」


半澤は矛盾に何も答えてはいない。それにしても64億円を請求して、全額使っていいとなったのに、8億円しか使わないことの異常さ。市民感覚では、「あり得ない」としか言いようがない。しかも「秋頃に、減らすことが決まった」と半澤自身、明言したにもかかわらず、それより数ヶ月前の6月のインタビューで「8億円で済ませました」と話している。

最初から、「8億円ありき」だったのではないか。Cエリアの除染は「8億円で済ます」ことが決まっていながら、64億円を請求した。それは、何のために？

――市長がウィーンに行って留守の間に、BエリアとCエリア合わせて、86億円が減額されています。なぜ、敢えてこの時点だったのですか？

「このタイミングで出したことに、意図はないですよ。たまたま、そうなった」

――市長はIAEAのスピーチで、この金額をパワーポイントで出しています。Bエリアは90億、Cエリアは10億と。国際的な会議の場で、伊達市の市長という責任ある立場の人が、減額申請しただけで、まだ県の決定も下りていない金額を公言していいのですか？

「そこは別に問題ないと思いますよ。もう、そういうことになっているわけだから」

最初からの出来レースだ。そうとしか思えない。シナリオありきという……。

理由は間違いなく、市長選だ。6月時点で、8億円で済むとわかったのなら、さっさと変更すればいい。減額申請は年度末にするものだと、半澤は言った。しかし6月段階で56億円が不要になるとわかったというのなら、その時点で減額申請をするのが「常識」であり、「モラル」なのではないか。

——市長選は1月末でした。選挙期間中、仁志田市長は「Cエリアも除染します」と謳っています。64億円申請はCエリアを除染しますという、アリバイ作りではないのですか?

半澤は薄ら笑いを浮かべて、切り返す。

「逆じゃないですか。市長選のことがあれば、12月ぐらいに、64億円ありますって宣伝すればよかったんじゃないですか?」

——でも今まで、いくら除染交付金を取ったと、一つでも市民に開示していますか?

「してないですよ。でも外にPRしなければ、誰も知らないんだから、何もアピールにはならないじゃないですか? それこそ、選挙前にCエリアを発注した方が、受けはいいですよね?」

いや、違う。そのように宣伝してしまえば、本当にやらざるを得なくなってしまう。Cエリアの面的除染などやるつもりはないのに、やるという振りをするために、64億円の申請だけはしておいたのではないか? そう考えるのがずっと自然だ。あるいは万が一、仁志田市長が負けた場合も考えて保険をかけたのかもしれない。

そもそも、Cエリアの住民が一貫して望んでいるのは、「スポット」ではない、面的な除染だ。Cエリアを全面除染すれば、800億円かかると半澤は講演などで公言している。この64億円という金額自体、どうやって算出されたのだろう。

――誰かが調べて、初めから8億円の申請なら、「これでCエリア、できるわけがないだろう」っていうことになる。そうなったら困るからじゃないですか？

「面白いフィクションですね。だけど、外にアピールしなければ意味がない」

――アピールにはならないけれど、アリバイにはなる。必要以上に墓穴を掘る必要はない。だから、64億円の交付金が決まっているなんて出す必要はない。だけど、もし何か突かれた時に、腹は痛くないと言える。形として。

「あー、なるほどね。まあ、そういう見方も……。別にそう思うんであれば、そう書いてもらってもいいですよ。別に、フィクションになるって責めませんから。書いてもらって、全然、オッケーです」

半澤は2012年8月に伊達市が出した「除染実施計画」（第2版）において、Cエリアは「スポット除染にする」と明記してあることを以前の取材で強調した。だから、今さら面的除染を望むのは「後出しジャンケン」なのだと。そのような「理」が伊達市の側にあるのなら、堂々と8億円の請求をすればいいだけのことではないか。なぜ64億円を請求して、最終的に8億円に帳尻を合わせるという「小細工」を弄する必要があったのか。

「除染先進都市」として華々しいデビューを切った当初、仁志田市長は「山から全部、市内全域を除染する」と高らかに謳った。ゆえにまさか市民は、市内の7割近い面積が面的除染をされないまま「放置」されることになるとは思いもしない。市内全域除染宣言を覆す「自家撞着《どうちゃく》」を自覚するからこそ、市長選のために「保険」をかけた。仁志田市政継続のためには、Cエリア住民に何らかの目くらましが必要だと判断したのだ。


目くらましといえば、市長選直前に行われた「Cエリアアンケート」こそ、直接的でわかりやすい。この意図も確認しておきたい。


——市長選告示の2日前に、Cエリアの住民に配布したアンケートですが……。締め切りが、市長選の後になっている。「不安があるようなので、新たな対策を打ち出したい」と書かれてあったものです。これは市の仕事ですよね？

「市の仕事ですよ」

——市の仕事ですが、選挙に関係ありますよね？　皆さん、これを見れば、今までは

Ｃエリアを除染しないと言っていたけど、伊達市はやってくれるんだって、そう思いますよね？

「それはコメントしにくいですね。選挙っていうか、政治のことなので」

――これが市から配られたとなると、問題なのではないですか？　選挙と行政の仕事は別だということですが、どう見ても別だと思えないアンケートです。

「まあ、その辺はこちらの方でコメントしにくいことなので。別に僕の方から時期がどうのって指定もしないし、実際にそうだったんだから、そうだと思いますよ」

言葉を濁しながらも、半澤は選挙のために行政が動いたと認めた。そこまでして、仁志田市政を継続させたかった。もちろん仁志田市長自身が望んだことではあるだろうが、伊達市を「実験場」にしている存在にとっても、体制はこのままであった方が都合がいい。

続いて、Bエリアだ。Bエリア除染はなぜか、「面」から「スポット」に変えられている。しかも市民に一切知らされずに、こっそりと。

――Bエリアの変更申請ですが、戸建て除染の変更で、空間線量が0・42マイクロシーベルト／時以上の箇所を除染対象とするとあります。この0・42という数字の根拠と、いつの間にか、Bエリアもスポット除染に変わっている理由を教えてください。

「０・４２は今、ぱっと思い浮かびません。何か計算があってしたと思います」

――いつの段階で？

「えっ？　変更する時に出てきたかどうか。最初から、ＡエリアとＢエリアは同じじゃないので。Ａエリアはほとんど面的かなと、Ｂエリアが面的と部分的な除染との組み合わせなのかなということで、いましたので」

――でも伊達市の「除染実施計画」には、Ｂエリアに部分的除染を導入するとは書いていませんよね？

「書いてないですよ。ただ、なんでＡとＢとＣがあるかって言うと、その違いがあるから。Ａよりも低いＢは、Ａと同じくはやらないと」

――でもこれは、変更申請で出てきています。交付金申請の時には書いてないです、部分的除染にするとは。これは、すなわち０・４２未満はやらないということですよね？

「そうですね」

――Ｃエリアの除染基準は、地表１センチで３マイクロシーベルト／時。矛盾しないですか？　Ｃエリアで空間線量が０・５とか０・６とかあっても除染されなくて、Ｂエリアならされるという。０・４２以上なら。

「それは、羊羹《ようかん》を切ったようにスパッとはいかないんですよ。線量なので」

――この0・42っていう数字は、市民の目に触れていませんよね？　市民にアナウンスされていますか？

「アナウンスはしてないんじゃないですか」

――市民は知らないわけですよね。Bエリアの住民は今も、スポット除染ではないと思っている。

「いや、どうなんだろう。基本、Bは面的を基準としてますから」

――でもここでは、「0・42以上の箇所を除染対象とする」と、対象を限定しています。

半澤はこの議論から抜け出す。

「私は除染が目的ではないので。除染で、外部被ばく線量を落とすのが目的なんで。別にその、極端にいうと、そういう線量にこだわっているわけではないんです」

伊達市は、線量にこだわらない？　じゃあ、なぜ、「0・42」という線量を、変更申請を行う理由に書き加えたのか。そもそもこうした線量で、どれだけ市民が振り回されてきていることか。

――でも、この基準で明暗が別れるのですよ。

「明暗……ねえ」

半澤は大げさだと言わんばかりに笑う。

――Cエリアだけど、0・6とか0・7とかの線量が敷地にいっぱいあって、Bエリアならやってもらえるのに、Cであるためやってもらえないのは、外部被ばくに関して、

「あなたはCだから、大丈夫ですよ」にはなりませんよね？

「ならないですね。そこはスパッと切れない。そういう齟齬《そご》があるのは認めます。ただどこかでBとCを分けなくちゃいけなくて、それがそういうことだったということですよ」

――でもそれは、たまたま伊達市のCエリアに住んでいるばっかりに、生活圏の除染をやってもらえないというのは、不当な差別なんじゃないですか？

「いや、だから、それはそういうふうに書いてもらっていいですよ。でもそれは科学的じゃないし、われわれは外部被ばく線量ということでやっていて、それも閾値《しきいち》があると思っていませんから。年間100ミリから1ミリまでの除染という意味で、高いところを早めにやるのが科学的に正しいのだろうと。低いところをいつかはやるというのは、非合理だと感じているところです」

――「心の除染」を謳うなら、本当に除染をやった方が、心は安定するわけですよ。

「それは認めますよ。全部をやってもらった方がありがたいと思うでしょう。でもそれは科学的じゃないし、エリアを分けた段階でそういう非合理性はあったんですよ」

——たまたま行政によってBとCに分けられて、Cに住んでいるばっかりに、なんで我慢しろと言われるのか。

「僕だって、そういうふうに思いますよ。住民にいい顔をしたければ、やりますよって言った方が受けがいいってのはわかりますよ。ただ、うちの方としては科学的にやるのと、費用対効果とか考えないといけないんですよ」

——こと、原子力災害ですよ。費用対効果が出てくるのがわからない。

「同じですよ、道路を作ってくれと。作ってやった方が、皆さん、心の平穏があるし満足感があるんです。でもそれは全部できませんので、基本的にはそれと一緒なんです。そこが、黒川さんとは立場が違うのでしょうね。放射能災害だ、原発だって、特別にそういうことで分けているわけじゃなく、やるべきか、やらざるべきかということで考えたってことですよ。それが伊達市の方針なので、『伊達市はよくない』って書いてもらって、全然、いいですよ」

——道路工事と同じとは思いません。人の健康、命に関わることです。

「それはまあ、極論ということで。とにかくバランスなんですよ。今は子ども関係の費用が非常に少ない。高齢者を優遇している費用の使い方を若者にシフトしないと将来はないと、そういうことを含めて言っているんです。効果がないものに、そんなに投資する必要はない。逆に国見なんて、2年間何もやらないで、やったら？　と言ってもやらないで、町長が変わったら2年後にやり出した。なんで今さら、やる必要があるの？」

――国見町に話を聞きに行きましたが、国のガイドラインに沿って、０・２３以上はやると言っています。

「その話は長くなるのでしませんが、うちは除染が目的ではなく、外部被ばく線量を下げるということでやっている。さっきから議論しているのは、放射線防護のための除染という立場です。毎度言っていますが、外部被ばく線量ですから、個人線量計をつける。それで年間1ミリになる人、多分、いないですよ」

これこそ伊達市が推進している、「場」の線量から、「人」の線量への転換だ。

――つまり、ＩＣＲＰの考えでやられると。ＩＣＲＰとは違う考えもありますよね？

「もちろん、ありますよ。ただ、我々は放射線防護のための除染という立場ですので」

――伊達市は、ＩＣＲＰの考えのもとにやっていく。それは一貫して、ブレがないということですね。

「そういうことですので、そこは別に争いませんので、そう思っていただいていいんじゃないかということです」

こうした方針のもと、伊達市はＩＣＲＰが提唱する「社会的・経済的要因を考慮しながら合理的に達成可能な限り被ばくは少なく」という放射線防護を、Ｃエリアにおいて実践した。

半澤は幾度となく「科学的」と強調したが、それは原子力を推進したい人たちのための「科学」であり、除染にこれ以上、お金を使いたくない、東電の負担を減らしたいと思っている人たちのための「科学」だ。

だが、どんな理屈をつけられようが、放射性物質が実際に降り注いだ生活圏において、3マイクロシーベルト以上「50×50センチ四方」の地表を取る除染しか行われない「欺瞞」を、市民は正しく見抜いている。

勝手にばら撒かれた放射性物質を、「受忍しろ」と言われる筋合いは断じてない。皆等しく、原発事故の被災者であり、被害者なのだ。

市民に肌で感じる曇りなき眼があるからこそ、市民の見えないところで小細工を弄したのか。いつ、どこで、どう突《つ》かれてもいいように。かつ、市長の眼にも触れないように。あるいは、対立候補が勝った時のことを考えて。

そうして仁志田市政を継続させ、伊達市は原子力推進機関にとって有利に作用する「実験場」としての使命を全うした。ＩＣＲＰの考えこそが「正しい」と頑《かたく》なに信じる半澤ら市幹部、田中俊一から多田順一郎へとつながる市政アドバイザーたちの手によって。

多田順一郎は、「ＮＰＯ放射線安全フォーラム　放射線防護研究会」の場で、原発事故後の福島の経験を踏まえ、このように話した。

「被災地の人に、被災者の立場を卒業していただくことがゴールだと思います」

なんと恐ろしい「ゴール」だろう。仁志田市長でさえ、広報誌で公言していたではないか。伊達市から放射性物質が完全になくなるのは、300年後になると。

取材から2週間後、「『0・42』の根拠を示してほしい」とした「宿題」への回答が、半澤からメールで送られてきた。

〈0・42は、Bエリアの除染作業後の目標線量です。(中略)計算式は下記のとおり。

1・00－0・04＝0・96(事故前からあった自然放射能を0・04としてその分を減)

0・96×0・6＝0・576(追加被ばくを6割減ずる＝特措法の基本方針)

0・96－0・576＋0・04＝0・424≒0・42(回りくどいが、約4割まで下げる、ということ)〉

2014年2月18日付、除染対策事業変更承認申請書(伊達市長職務代理者　副市長鴫原貞男)。ここに添付された「戸建住宅の除染方法について」の「変更後」はこう記されてある。

〈空間線量が0・42以上の箇所を除染対象とし、線源を特定するため、コリメータを使用する（以下、略）〉

文庫版のためのエピローグ

本書は『「心の除染」という虚構　除染先進都市はなぜ除染をやめたのか』というタイトルで、2017年2月に刊行したものだ。ところが、単行本刊行から2年も経たないうちに、さらに看過できない重大な疑惑が伊達市に湧き上がった。

それが通称、「宮崎早野論文」と言われるものだ。福島県立医科大学講師の宮崎真《まこと》と、東京大学名誉教授の早野龍五《りゅうご》の共著であるゆえ、こう呼ばれるのだが、第一、第二、そして発表されなかった第三の三つの論文はすべて、伊達市民のデータを使って作られた。

この論文にこそ、「Cエリアはなぜ、除染されなかったのか」という、永遠の命題への答えがあった。

本書において丹念に追ってきたのは、原子力規制委員会委員長就任前の田中俊一が2011年5月頃から伊達市に入り、7月に正式なアドバイザーとなり、「除染」と「健康管理」の二つの部署を立ち上げ、放射能対策を行ってきた一連の過程だ。

田中、すなわち伊達市が採用した除染は、線量ごとにエリアを分け、異なる除染方法を採るという戦略の下、Cエリアという「除染をしなくてもいい地域」を作り上げたことだ。そして、85億円もの交付金を返却してまで、Cエリアの除染を行わなかったいきさつは、本書でここまで綴ってきた。

また、田中俊一が作った健康管理部門が行ったのは、周辺自治体に先駆けて、田中とも関係の深い千代田テクノル製のガラスバッジを市民に装着させたことだ。2011年8月から妊婦と子ども（中学生まで）、9月からは特定避難勧奨地点の全住民、そして2012年7月からは1年間、約6万人の全市民にガラスバッジを付けさせ、その記録を取ったことも、本書に述べた通りだ。こんな〝ビッグデータ〟は、チェルノブイリにも福島県にも、世界中、どこにも存在しない。

単行本では、そこまでのことを詳細に辿った。だが、それでもいくつか不可解な疑問は残っていた。

なぜ田中俊一は、使用が想定されていない子どもを含む一般市民に個人線量計を装着させたのか？

伊達市にしか存在しない〝ビッグデータ〟を使った国際的学術論文＝「宮崎早野論文」に対する「疑義」が表に出た際に、隠されていた意図が見えてきた。これが「心の除染」の最終仕上げ。この論文を根拠に、被ばく基準緩和の方向へ国際基準を動かすという壮大なゴールがあった。

この論文は、Cエリアを除染しなかったことを正当化するためにも必要だったのだ。

宮崎真が福島県立医大に提出した「研究計画書」によれば、伊達市民を「実験台」にした論文は三つ作られるはずだった。が、実際には二つしか作られていない。

論文は2016年12月と2017年7月に、英国の学術誌「Journal of Radiological Protection」上に発表された。前者を「第一論文」、後者を「第二論文」と呼ぶ。

第一論文は、「パッシブな線量計による福島原発事故後5か月から51か月の期間における伊達市民全員の個人外部被曝線量モニタリング：1．個人線量と航空機で測定された周辺線量率の比較」、第二論文は、「パッシブな線量計による福島原発事故後5か月から51か月の期間における伊達市民全員の個人外部被曝線量モニタリング：2．生涯にわたる追加実効線量の予測および個人線量にたいする除染の効果の検証」と、それぞれタイトルがついている（黒川眞一《しんいち》訳）。

第一論文は、航空機によって得られた周辺線量と、伊達市民6万人に1年間付けさせたガラスバッジのデータによる個人線量の関係を調査したもの。第二論文は、個人線量と周辺線量を組み合わせる方法は、放射線汚染地域に住み続ける人々の生涯追加線量を十分な確度をもって予測できるものとした上で、伊達市の居住者の生涯にわたる追加外部被ばく線量を調べたものである。

共同執筆者の早野龍五は、第一論文が発表された3ヶ月後の2017年3月、東京大学で行った自身の最終講義の中で、二つの論文についてこのように述べている（この最終講義の模様は、YouTubeで確認できる）。

まず、第一論文について。

「国が年間1ミリシーベルトの被ばく基準としている0・23マイクロシーベルト／時は、個人線量で見ていくと、年1ミリシーベルトには程遠い。伊達市で年1ミリシーベルトに相当する中央値は約0・8マイクロシーベルト／時」

第二論文で結論づけられた内容は、次のようなものだ。

「伊達市に生涯（70年）住み続けた場合、除染A地区の中央値は18ミリシーベルトと推定。また、除染は（集団の）生涯線量の低減に寄与していない」

早野は「これはショッキングに低い数字」と表現した。

空間線量が高い場所でも、実際の被ばくは少ないのだから住んでいていい、除染で被ばく量は減らないのだから、除染に意味はないという、極めて意図的な結論が導き出されているのが、「宮崎早野論文」だった。

しかし、この論文には現在、多くの問題があることが指摘されている。伊達市民のデータの不正利用と、研究内容そのものへの疑義が申し立てられているのだ。

論文の内容に疑問を持ち、科学的反証を行ったのは、高エネルギー加速器研究機構名誉教授の黒川眞一だ。

「第一論文を読んだ時、非常に雑な論文だと思いました。結論と本文で言っていることが違うんです」

2017年5月、黒川は「WEBRONZA」に、記事を寄稿する。タイトルは、「被災地の被曝線量を過小評価してはならない」。このなかで黒川は、第二論文において「生涯線量を過小評価するために行ったと疑われても仕方がない異様な数値と図が存在する」と指摘する。

黒川はさらに、雑誌「科学」（岩波書店）に複数の論文を寄稿し、「宮崎早野論文」の研究内容への疑義だけでなく、その作成過程において、伊達市側にも個人情報保護条例違反や公文書偽造の疑いがあることを指摘している。

早野は先述した自身の東京大学での最終講義で、写真を示して「始まりは、ここだ」と語った。

パワーポイントで示されたスライドには、2014年10月、パリにおけるIRSN

（放射線防護・原子力安全研究所）の会合での写真が大きく使用されている。一番手前に仁志田昇司市長（当時）、隣に半澤隆宏直轄理事（当時）、数人を挟んで一番奥に宮崎真が座っている。

「この奥の方（宮崎）が、こちらの伊達市関係者（仁志田、半澤）に、『伊達市の膨大なデータを何とかしませんか？　論文の形で残すのがいいのですが、その解析を早野（先生）に任せてはどうですか』と言われたわけです」

早野は続ける。

「6万人分のデータが、1年分あるんです。伊達市は唯一、市民のほぼ全員を測ったというビッグデータを持っているんです」

早野は堂々と、全市民のデータを解析したと公言した。それは、スライドに映っていた「伊達市関係者」が、全市民のデータを早野に渡したことを意味する。

そもそも第一論文と第二論文のタイトルに、「パッシブな線量計による伊達市民全員の個人外部被曝線量モニタリング」と、「伊達市民全員」を堂々と謳っており、第一論文の図には「N＝59056」と、約5万9千人のデータを解析したことを意味する数値も記されている。

パリでの会合から4年後の2018年9月、伊達市議会で明らかになったのは、全測定者5万8481人のうち、データ提供への同意が3万1151人、不同意97人、同意書末提出2万7233人という内訳であり、市民の約47%の2万7000人以上の人が、同意していない自分のデータを知らぬ間に使われたことになる。しかも、この同意・不同意の数自体も、議会での高橋一由議長による質問がなければ伏せられていた数字だった。

〈線量測定データ　伊達市が同意なしに県立医大へ〉（「朝日新聞」2018年12月15日付）

「同意なし」の市民データが無断で提供されたことを、メディアが報じたのは、2018年12月になってからだ。

私自身もこれらの報道で、隠されていた事実を知った。原発推進派が、伊達市という「実験都市」で目指すゴールは、「Cエリアを除染しない＝お金をかけない」という放射線防護の具現化にあったのではなく、避難基準緩和に学術的根拠を与えるという、もっと先の目的にあったのだということに気がついたのだ。

実際、この「第一論文」は2018年1月、国の放射線審議会で、事故後に策定された放射線基準を見直す参考資料として採用されている。その後、不正疑惑が発覚すると2019年1月に参考資料から削除されたものの、「内容に問題なし」という実に不可解な対応がなされている。

除染交付金85億円を秘《ひそ》かに返還した後、伊達市は論文完成のために何を行ったのか。

早野の言う「始まり」が２０１４年10月として、２０１５年は伊達市と２人の研究者が水面下で、おかしな動きをした年だった。

そもそも、人を対象とした医学論文の場合、研究機関の倫理審査委員会が、研究内容を承認してからでないと、作成を始めてはいけないという決まりがある。福島県立医大が研究計画書を審査し、研究を承認したのは２０１５年12月17日だ。ここを踏まえて、一連の流れを見てほしい。

伊達市にガラスバッジを提供するメーカー、千代田テクノルが、伊達市に対して、全市民のガラスバッジデータを宮崎と早野に開示するための許諾を求めてきたのが、２０１５年２月13日金曜日。伊達市は個人情報に関する審査会を開くことなく、週明けの２月16日月曜日に承認した。ここで全市民の「生データ」が、千代田テクノルを介して宮崎と早野の手に渡ったことになる。

２０１５年１月から市政アドバイザーとなった宮崎は毎月、伊達市と定例打ち合わせを持つのだが、私はこのすべての議事録を情報公開請求で入手した。

２０１５年３月27日、議事録には「測定者全員のデータの提供をお願いする」という、宮崎の発言が残っている。

２０１５年７月30日の打ち合わせで、宮崎は複数の図を市側に渡した。航空機モニタリングで得た周辺線量と個人線量を付き合わせた図などだが、これらは翌2016年6月に前述の学術誌に投稿され、同年12月に公表された「第一論文」の解析データと同一のものだった。つまり、論文発表の11ヶ月前には市民のデータ解析はある程度、終わっていたのだ。

黒川眞一は、この図の精密さは個人の住所データがないと作れないことを指摘している。

研究計画書の承認の5ヶ月前に、研究計画書提出の話も出ていない段階で、全市民の住所まで含んだデータ（千代田テクノル経由）を使って解析が行われていたのだ。

研究計画書の話が出てくるのは翌月、8月25日の打ち合わせだ。宮崎の「ガラスバッジの分析について学術的に出していくには、正式に市からの依頼が必要」との発言が記録されている。

2015年9月13日、早野は伊達市で行われたICPR主催のダイアログセミナーにおいて、第二論文と同じ内容のグラフを示して発表を行った。この段階で、生涯積算線量についての解析も終わっていたことになる。研究開始は、研究計画書が承認されてからでなければいけないという、倫理指針への重大な違反だ。

10月になってから、宮崎は8月1日付の伊達市からの「依頼書」を福島県立医大に提出した。8月25日の打ち合わせを受けて作られた依頼書が、なぜか8月1日付となっている。公文書には文書番号が付されているので、この番号前後の文書を情報公開請求で得たのだが、すべて10月に作られた文書だった。しかも、2015年8月1日というのは、土曜日なのだ。通常、土曜日の日付の書類が市役所で作成されることはない。これは何を意味するのか。

11月2日、宮崎は県立医大に研究計画書を提出、12月17日に倫理委員会の承認を得た。研究計画書にはこうある。

〈閲覧解析の対象者はデータを本機関に提供する同意があったものに限られる〉

「道具にされた気がしてなりません。私も家族もいつのまにか、研究対象とされていました。研究が始まったことも知らず、同意もしていないのに。住民に隠していたというのが、市民としては一番の問題だと思うんです」

伊達市内に住む二児の母、島明美はこう語る。黒川眞一とSNSでつながった島は、伊達市や県立医大への情報公開請求を通して、疑問への裏付け作業を行い、「科学」誌上では黒川の共同執筆者として名を連ねた。

島が言うように、伊達市民は自分のデータが使われて研究が行われていることを、まったく知らないでいた。

しかも、論文発表後になっても、研究者が誰で、いつどこにどのような形で公表されたのか、その経緯も結果も伊達市民に知らされることはなかった。

世帯番号、住所、世帯ごとの除染エリア、ガラスバッジ測定結果、WBC測定結果、除染開始日及び終了日が個人ごとにまとめられたデータが使われていた当事者が、何も知らされないままにされていた。

〈本研究の実施について周知するため、HPや伊達市広報誌などに資料の公開文を掲載していただく予定である〉

このように「宮崎早野論文」の研究計画書に記された「予定」は一切、実行されることはなかった。

島明美と一緒にこの問題を追及している現・伊達市議会議長の高橋一由は、とりわけ伊達市の犯罪性を問題視する。

「医大への依頼書は、完全に公文書偽造。しかも、市長の印が押してある有印公文書偽造。これは懲役刑です」

本書でもガラスバッジのデータそのものに対しては、大きな疑問を呈している。不確かなデータを使って被ばくの世界基準を変える根拠を作ろうとしていたのだ。島は言う。

「私はガラスバッジを付けていなかったので、そこが最も納得いかないところでした」

2013年12月23日付の「東京新聞」は、「伊達市民の7割が、ガラスバッジを家に置きっ放しにしている」と報じている。

ちなみに現段階で「宮崎早野論文」がどうなっているかといえば、2018年8月に黒川眞一が「Journal of Radiological Protection」に、批判的コメントを「レター」として投稿。2019年1月11日に同誌編集部は第一、第二論文に「懸念の表明」を付加している。この論文には大きな疑義があるという警告が出されている状態だ。

第三論文はなぜ、書かれなかったのか。第三論文の研究テーマは、「個人の外部被ばくと内部被ばくとの間には相関がない」と結論づけようとしたものだ。黒川眞一は、「おそらくデータを解析していったら相関があったのだろう」と見る。

つまり、内部被ばく線量と外部被ばく線量の値には、関係がないと言おうとしたのだが、関係があるという数値が出てしまったので、書くのをやめたのではないか、と見ているのだ。黒川によれば、医学系の論文では予想と異なる結果が出た時も結果を公表しなければならないとのことだ。

メディアの報道を受け、伊達市は2018年12月21日に、第三者を含めた「調査委員会」を立ち上げることを表明、2019年2月4日、「被ばくデータ提供に関する調査委員会」の初会合が開かれた。

伊達市議会も同年6月に「被曝データ提供特別委員会」を設置、本格的に検証に乗り出している。

当時者である宮崎真と早野龍五に取材を申し込んだが、両者とも会うことを拒否した。

2019年7月、すでに伊達市を定年退職している半澤を自宅に訪ねた。

「ガラスバッジについては、担当じゃなかったから知らない。市長が決めて、健康管理課が担当したんだから」

田中俊一の名を出したところ、途端に語気が強まった。

「田中さんはガラスバッジには関係ない。除染担当だから」

半澤が無関係なわけがない。宮崎との打ち合わせ議事録のすべてには、最高責任者の捺印欄に半澤の印がある。インターネットメディアが公開した、宮崎からの健康管理課担当者宛てのメールは、同時に半澤にも送られていた。

2019年11月、仁志田前市長にも話を聞こうと自宅を訪れた。玄関先に出てきた仁志田は、「今の執行部に迷惑になる」と取材を一切、拒否。市民に対して今、どう思うのか、少なくとも申し訳ない思いがあるのかを尋ねたところ、一言。

「(何も) ありません」

田中俊一にも取材を要請したところ、以下の返信があった。

「現在の福島にとって大切なことは、過去のことをあれこれ論ずるのでなく、現在の閉塞的な状況を如何《いか》に克服して復興するかです。したがって、今回の取材に応じるのは遠慮させていただきます」

田中は2019年4月4日付の「読売新聞」に寄稿し、自分が伊達市のガラスバッジ導入にアドバイザーとして協力した立場として、この問題に対して私見を表明した。これだけで、半澤の嘘が透けて見える。

田中の主張は明解だった。

〈仮に論文が一度取り下げられるにしても、適切な手続きを経てデータの解析はやり直されるべきだ。その成果は、他の市町村でも被曝線量の推計に役立つだろう。不安に立ち向かってきた多くの市民の貴重なデータが、埋もれることなく、広く活用される成果につながるよう願っている〉

これが、田中の本音なのだ。「貴重な」という形容詞は「データ」にかかっていて、多くの市民の健康や不安な心よりも、「データ」の方が貴重であるという本心を自ら吐露している。田中の願う「成果」とは、一体何を意味するのだろうか。

取材の最後に、島はこう語った。

「どうしても伝えたいことがあるんです。Cエリア・アンケートを、情報公開で取ったんです。そうしたら、2万5000枚になったんです」

仁志田市長が続投を目指した2014年の市長選において、伊達市がCエリア住民に行った除染についてのアンケート。単行本刊行後に明らかになったのは、伊達市が、アンケートの結果を受け、除染を望む住民説得のために、電通に2億円もの税金を使ったことだ。

島がアンケートを見てみたいと思ったのは、「同じCエリアの人たちが、どんな思いでいるのか」知りたかったからだ。

回答を寄せたのは1万6000軒のうちの、30％。その人たちの思いが、2万5000枚もの紙に綴られていた。

「除染されなくて苦しい、悔しいという思いが切々と書かれていて……。心が震えました。涙なしには読めませんでした」

伊達市のCエリアに住んでいるというだけで、なぜこのような思いを味わわなければならないのか。理不尽を甘受するいわれはない。

2019年7月19日、島が東大と県立医大に起こした申し立てに対して、両者から「研究不正なし」という調査結果が公表された。

いまは、伊達市の「被ばくデータ提供に関する調査委員会」の結果が待たれるところだ。

２０２０年、東京オリンピックの年。「復興オリンピック」と名付けられた大会のもと、私には原発事故の後遺症から人々の目を逸らす作業が各地で行われているようにしか見えない。

伊達市の市民たちはそればかりか、将来を見据えた国際的被ばく基準緩和のための実験台にされてきたのだ。伊達市が「貴重なデータの対象」から、解放される日は来るのだろうか。

黒川祥子

２０２０年1月16日

図版作成　鈴木成一デザイン室

本書は、二〇一七年二月、書き下ろし単行本として集英社インターナショナルより刊行された『「心の除染」という虚構　除染先進都市はなぜ除染をやめたのか』を文庫化にあたり、『心の除染　原発推進派の実験都市・福島県伊達市』と改題し、加筆・訂正、再編集したものです。

集英社文庫

心《こころ》の除染《じょせん》 原発推進派《げんぱつすいしんは》の実験都市《じっけんとし》・福島県伊達市《ふくしまけんだてし》

2020年2月25日 第1刷 定価はカバーに表示してあります。

著　者　黒川祥子《くろかわしょうこ》

発行者　徳永　真

発行所　株式会社 集英社

東京都千代田区一ツ橋2-5-10　〒101-8050

電話　【編集部】03-3230-6095

【読者係】03-3230-6080

【販売部】03-3230-6393（書店専用）

印　刷　図書印刷株式会社

製　本　図書印刷株式会社

フォーマットデザイン　アリヤマデザインストア　マークデザイン　居山浩二

ISBN978-4-08-744083-6 C0195